厚生労働省認定教材	
認定番号	第59224号
認定年月日	昭和59年3月27日
改定承認年月日	平成26年1月30日
訓練の種類	普通職業訓練
訓練課程名	普通課程

四訂 板金工作法及びプレス加工法

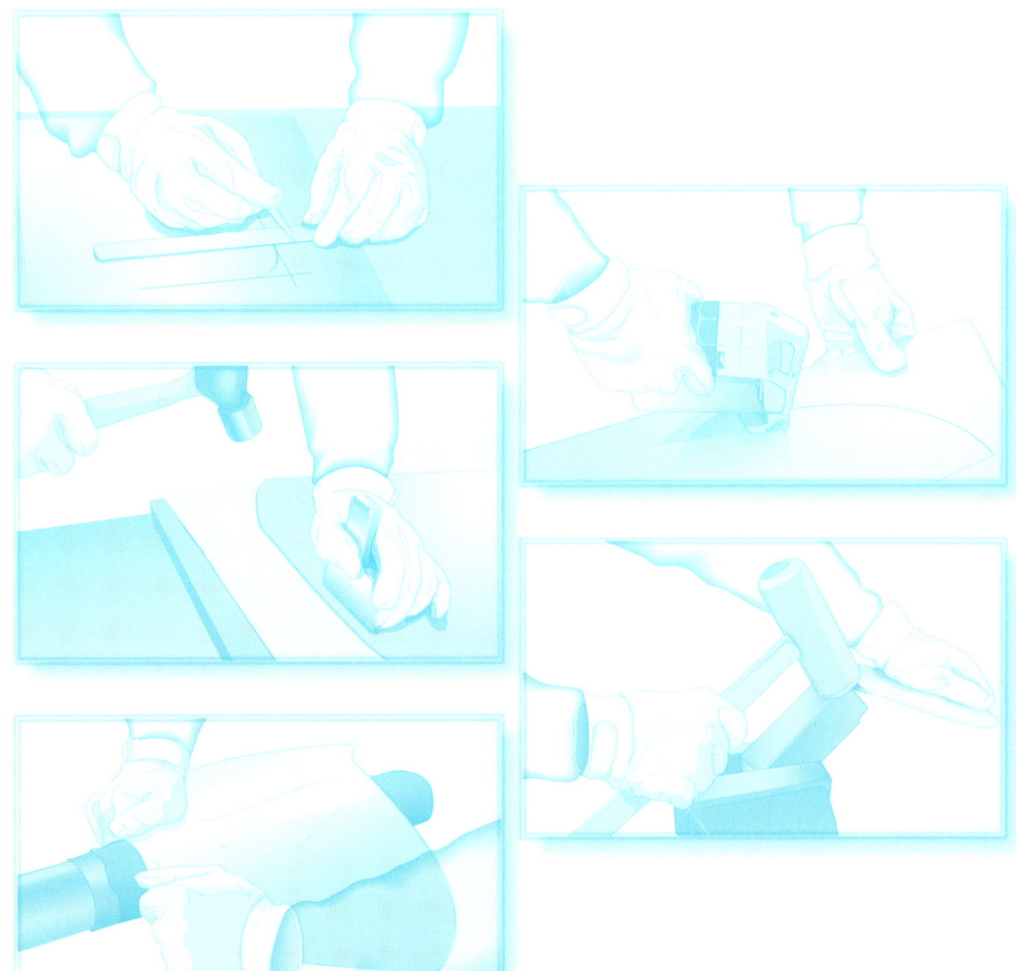

独立行政法人 高齢・障害・求職者雇用支援機構
職業能力開発総合大学校 基盤整備センター 編

はしがき

　本書は職業能力開発促進法に定める普通職業訓練に関する基準に準拠し，「金属加工系塑性加工科」専攻学科「板金工作法」及び「プレス加工法」の教科書として編集したものです。

　作成にあたっては，内容の記述をできるだけ平易にし，専門知識を系統的に学習できるように構成してあります。

　本書は職業能力開発施設での教材としての活用や，さらに広く金属加工分野の知識・技能の習得を志す人々にも活用していただければ幸いです。

　なお，本書は次の方々のご協力により改定したもので，その労に対して深く謝意を表します。

〈監修委員〉
　小　川　秀　夫　　　職業能力開発総合大学校
　森　　　茂　樹　　　職業能力開発総合大学校

〈改定執筆委員〉
　岩　原　　　勝　　　栃木県立県央産業技術専門校
　高　橋　正　浩　　　群馬県立前橋産業技術専門校

（委員名は五十音順，所属は執筆当時のものです）

平成 26 年 3 月

独立行政法人 高齢・障害・求職者雇用支援機構
職業能力開発総合大学校 基盤整備センター

目　　次

第1章　板金加工の概要と特徴

第1節　板金加工の概要……………………………………………………………… 1

第2節　板金加工の特徴……………………………………………………………… 3

　第1章の学習のまとめ（4）

　【練習問題】（4）

第2章　板金材料

第1節　鉄鋼材料……………………………………………………………………… 5

　1.1　熱間圧延軟鋼板（5）　1.2　冷間圧延鋼板（6）

　1.3　表面処理鋼板（8）　1.4　ステンレス鋼板（10）

第2節　非鉄金属材料………………………………………………………………… 11

　2.1　アルミニウム板及びアルミニウム合金板（12）　2.2　銅板及び銅合金板（14）

　2.3　チタン及びチタン合金板（16）

　第2章の学習のまとめ（16）

　【練習問題】（16）

第3章　板金加工の種類及び加工法

第1節　板取りけがき………………………………………………………………… 17

　1.1　板取りけがき用工具（17）　1.2　けがき方法（19）　1.3　板取りけがきの要点（21）

第2節　切　　断……………………………………………………………………… 22

　2.1　切断用手工具と切断（22）　2.2　せん断用機械と切断（26）　2.3　切断の要点（36）

第3節　曲げ加工……………………………………………………………………… 36

　3.1　曲げ加工の分類（37）　3.2　手工具による曲げ加工（37）

　3.3　機械による曲げ加工（45）　3.4　曲げ加工の方法と精度（54）

第4節　打出し，絞り………………………………………………………………… 62

　4.1　打出し（63）　4.2　絞り（64）　4.3　へら絞り（65）

第5節　ひずみ取り……………………………………………………………………… 68
　5.1　手作業によるひずみ取り（69）　5.2　機械によるひずみ取り（72）
第6節　仕上げ…………………………………………………………………………… 73
第7節　CAD／CAM及びFMS……………………………………………………… 79
　7.1　CAD／CAM（79）　7.2　FMS（85）
第8節　測定法…………………………………………………………………………… 87
　8.1　二次元・三次元の寸法測定（87）　8.2　三次元座標測定機（88）　8.3　投影機（90）
　第3章の学習のまとめ（91）
【練習問題】（91）

第4章　接　　　合

第1節　はぜ組み………………………………………………………………………… 93
第2節　リベット締め…………………………………………………………………… 94
　2.1　リベット（94）　2.2　リベット締めの作業（97）
第3節　ろう付…………………………………………………………………………… 99
　3.1　はんだ付（100）　3.2　硬ろう付（103）
第4節　接着剤………………………………………………………………………… 105
　4.1　エポキシ樹脂系接着剤（105）　4.2　シアノアクリレート系接着剤（105）
　第4章の学習のまとめ（106）
【練習問題】（106）

第5章　プレス加工の概要と特徴

第1節　プレス加工の概要…………………………………………………………… 107
第2節　プレス加工の特徴…………………………………………………………… 108
　第5章の学習のまとめ（109）
【練習問題】（109）

第6章　プレス機械

第1節　プレス機械の種類…………………………………………………………… 111
第2節　機械式プレス………………………………………………………………… 112

2.1　クランクプレス（112）　2.2　ナックルプレス（118）
　　2.3　フリクションスクリュープレス（摩擦プレス）（118）
第3節　液圧式プレス……………………………………………………………120
　第6章の学習のまとめ（120）
　【練習問題】（120）

第7章　プレス加工

第1節　せん断加工……………………………………………………………121
　　1.1　せん断加工の分類（121）　1.2　基本的な抜き型（123）　1.3　抜き型の要点（124）
　　1.4　打抜きの板取り（128）　1.5　抜き型の種類（128）
第2節　曲げ加工………………………………………………………………132
　　2.1　基本的な曲げ型（132）　2.2　曲げに要する力（134）　2.3　曲げ加工の注意（135）
第3節　絞り加工………………………………………………………………135
　　3.1　絞り変形（136）　3.2　絞り比（137）　3.3　絞り型の要点（138）
　　3.4　絞り加工の板取り（140）　3.5　円筒絞りに要する力（141）
　　3.6　円筒絞り型の種類（142）　3.7　角筒容器絞り（144）　3.8　絞りの潤滑剤（146）
　第7章の学習のまとめ（146）
　【練習問題】（146）

第8章　金型の取付け

　　1.1　一般的な取付け上の注意（147）　1.2　取付け及び取外し（149）
　第8章の学習のまとめ（153）
　【練習問題】（153）

第9章　プレス加工の自動化

第1節　送給装置………………………………………………………………155
　　1.1　一次加工送給装置（155）　1.2　二次加工送給装置（159）
第2節　順送り（プログレッシブ）加工及びトランスファ加工………………160
　　2.1　順送り加工（160）　2.2　トランスファ加工（162）

第3節　プレス加工用ロボット……………………………………………… 164
第4節　取出し装置…………………………………………………………… 165
　第9章の学習のまとめ（167）

　【練習問題】（167）

第10章　プレス機械の安全・検査

第1節　プレス機械の安全対策……………………………………………… 170
　1.1　安全囲い（170）　1.2　安全装置（170）
第2節　プレス機械及び安全装置の保守・点検…………………………… 173
　第10章の学習のまとめ（175）

　【練習問題】（175）

練習問題の解答……………………………………………………………… 177
索引…………………………………………………………………………… 181
図・表出典リスト…………………………………………………………… 184

第1章 板金加工の概要と特徴

材料に力を作用させて変形させ，所定の形状に成形する加工法を**塑性加工**という。塑性加工の中でも金属板材を成形開始時の素材とし，個々の製品の寸法や形状に直接対応しない手工具や汎用の板金加工機械を用いて，素材を所定の形状に成形する方法を板金加工と呼ぶ。

板金加工には汎用の工具，汎用の板金加工機械が用いられ，一般には，製品一つひとつに対応した金型や機械を使用しない。したがって，加工上の重要なノウハウを工具や金型に多く含ませることはできず，作業者の技能に依存することの多い加工法であり，製品製作に当たっては高度で，熟練した技能を必要とする。

板金加工と類似した加工法として**製缶**がある。製缶は使用する素材の板厚が比較的厚く，圧力容器やボイラ，その他の容器などを製作する加工法である。

第1節　板金加工の概要

板金加工には**手板金**と**機械板金**があり，板金材にハンマなどの工具を用い，人の力を加え目的の形状の製品に成形する手法を手板金という。手板金による加工法は，古来から冠や装飾品，寺社の屋根，釘，刀剣，鍋，急須などの製作に広く使われてきた。また大正から昭和後期まで，ブリキ屋，トタン屋と呼ばれた町の職人が，バケツや雨樋，煙突などの製作や修理をして日常生活に深く関わっていた。現代では手板金による加工としては建築，自動車，工芸などが挙げられる。

機械板金は数値制御による板金加工機械を用いて高能率に加工する方法で，近年の工業製品に求められる高精度，高機能のものづくりに対して手板金では対応しきれず，多くは機械板金に置き換えられている。ただし，手板金により加工と変形の原理や現象を学ぶことは，板金加工の応用力を高めるうえで非常に重要である。また，部品の修正作業などには手板金の技能が必要になることが多く，板金加工の作業者には手板金と機械板金の複合化技術が求められている。

板金加工の職種や作業を，技能検定により分類したものを図1－1に示す。

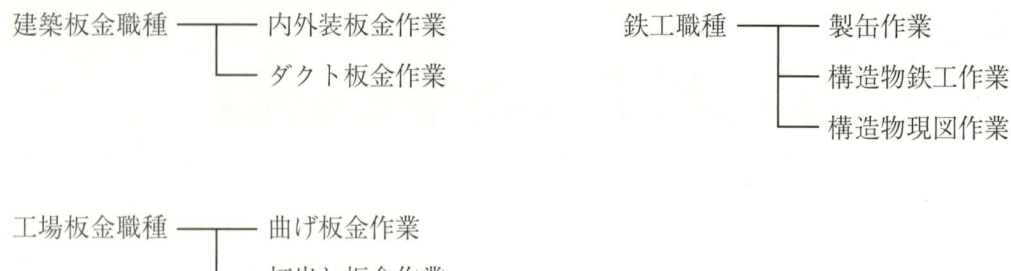

図1－1　技能検定による板金加工の分類

　図のように板金加工はさまざまな職種や作業に分類されるが，元々は一つであったものが，時代とともに必要に応じて枝分かれしていったものと考えられている。
　このように板金加工は身近で我々の生活に必要不可欠なものである。
　本書での板金加工における作業の種類には，次のようなものがある。
　（1）板取りけがき
　要求された板金製品を製作するのに必要な素材形状を定尺（ていしゃく）板材の上にレイアウトし，けがく作業である。製品を作る場合には，材料の無駄がないようにレイアウトしなければならない。板金製品を製作するのに必要な素材形状を求める際，製品を平面状に展開した形状が必要となるが，その作図には**板金展開図法**が用いられる。
　（2）切　　　断
　所定寸法の板金材を得るときや，板取りけがきした素材形状を定尺板材から切り取る際などに行われる作業である。製品外形の切断や穴あけ加工は，その後の加工，製品の精度，良否に大きな影響を与える。
　（3）曲　　　げ
　平面的な板金材を立体化する最も基本的な作業である。曲げ加工を行う上で留意しなければならない点は，**スプリングバック**と曲げ割れである。スプリングバックは曲げ加工を終えた後，力を取り除くと曲げ角が少し変化することで，高精度の曲げ加工を行う上で注意しなければならない現象である。一方，曲げ割れは厳しい曲げを行った際に板の外表面にき裂が生じることで，製品の機能を著しく低下させ，曲げ加工品を不良品にしてしまうことが多い。
　（4）打出し，絞り
　金属板材から継ぎ目なしで容器状に立体化成形する加工法のことである。金属板材の周

辺部から同心円状に，中心部に向かって立体化成形する加工法を**打出し**という。これに対し，板材の中心部から同心円状に，周方向に縮めていくことによって容器状に成形する加工法を**絞り**という。実際の製品成形に当たっては，打出しと絞りが複合した形態で加工が行われることが多い。

（5）ひずみ取り

加工後の製品各部に生じている凹凸を取り，平滑にする作業を**ひずみ取り**という。ひずみは成形時や組立て時に生じる場合もあるが，溶接後の縮み変形によって発生する場合も多い。ひずみ取りはハンマの打撃を利用してならす場合と，加熱によって生じる熱膨張，収縮現象を利用してならす場合がある。

（6）仕　上　げ

板金材の切断や穴あけ等で生じた，かえり（ばり）の除去や，曲げ，打出し，絞り加工時に生じた表面や端部の不要形状部の除去，溶接ビード面の矯正などの作業をいう。塗装やめっき処理を施す前後の表面処理や，付加価値を付けるための表面研磨等も仕上げに含まれる。

（7）接　　合

成形品の継ぎ目部分を接合する場合や，複数の成形品を組み立てるときに行われる作業である。接合方法には，はぜ組み，リベット締め，ボルト締めなど機械的に接合する方法，溶接，ろう付など金属的に接合する方法，接着剤など化学的に接合する方法がある。

第2節　板金加工の特徴

板金加工にはさまざまな特徴があるが，それらを列挙すると次のようになる。
① 多品種少量製品の製作に適する。
② 専用の金型を使用しない。
③ 大物製品から小物製品まで多様な寸法に対応しやすい。
④ 室温で加工が行われるため，溶接部以外は加熱による影響が生じない。
⑤ 金属薄板から成形されるため，軽量である。
⑥ 製品のできばえは作業者の技量の影響を受け，ばらつきが生じやすい。

以上のように，板金加工は比較的少量生産を対象とした場合に優れた特徴を発揮する。

このことから，自動車，航空機，建築，機械部品，電気機器，事務用品，家庭用品など，広い分野での重要な加工法となっていて，これには試作品，特注品の製作，修理なども含まれる。

> **第1章　学習のまとめ**
>
> 　金属板材を成形開始時の素材とし，それを手工具や汎用の板金加工機械を用いて加工する板金加工の概要と特徴を学んだ。
>
> 　板金加工の基本的作業として，板取りけがき，切断，曲げ，打出し，絞り，ひずみ取り，仕上げ及び接合がある。
>
> 　板金加工は試作品，特注品などを含む多品種で少量製品の製作に適する反面，製品のできばえは作業者の技量の影響を受けやすいことから，高度で熟練した技能が必要となる。

練習問題

次の各問に答えなさい。

（1）　要求された板金製品を製作するのに必要な素材形状を定尺板材の上にレイアウトし，けがく作業は何と呼ばれるか。

（2）　金属板材から継ぎ目なしで容器状に立体化成形する加工法は何と呼ばれるか。

（3）　加工後の製品各部に生じている凹凸を取り，平滑にする作業は何と呼ばれるか。

（4）　板金加工の特徴を三つあげなさい。

第2章 板金材料

　板金加工及びプレス加工によって製作される製品は，家庭用品や家電製品，自動車，鉄道車両，船舶，航空機などあらゆる分野にわたっており，用いられている材料も多種多様である。

　一般に板金材料に求められる性質は，加工性及び溶接性が優れていること，均質であること，板厚のばらつきが少ないこと，平坦度，表面状態が優れていることである。

　この章では，第1節鉄鋼材料，第2節非鉄金属材料に大別して，板金加工用材料の種類や性質，規格などについて述べる。

第1節　鉄鋼材料

板金材料として，最も多く用いられているのは，鋼板と呼ばれる鉄鋼材料である。鉄鋼材料は，安価で入手しやすく，機械的性質も優れている。

1.1　熱間圧延軟鋼板

　鋼板は，溶鉱炉で作られた**銑鉄**を精錬し，連続鋳造又は分塊圧延により製造されたスラブ（偏平鋼片）に圧延を繰り返して製造される。

　熱間圧延軟鋼板はJIS G 3131で4種が規定されており，表2－1に示すとおりである。

　記号のSは，材質を表し，鋼のSteelの頭文字を示している。記号のPHは，規格名や製品名を表し，板のPlateの頭文字と熱間圧延のHot Rolledの頭文字を示している。記号のCは一般用，D，E，Fは，加工用を示し，C，D，E，Fの順に伸びは大きくなる。

表2－1　熱間圧延軟鋼板の種類の記号（JIS G 3131：2010）

種類の記号	適用厚さ（mm）	適用
SPHC	1.2以上　14以下	一般用
SPHD	1.2以上　14以下	加工用
SPHE	1.2以上　8以下	加工用
SPHF	1.4以上　8以下	加工用

　熱間圧延によって製造された鋼板の寸法は，表2－2～表2－4（JIS G 3193）に示すように規定されている。

表2-2　熱間圧延軟鋼板の標準厚さ（JIS G 3193：2008）

（単位mm）

1.2	1.4	1.6	1.8	2.0	2.3	2.5	(2.6)	2.8	(2.9)	3.2
3.6	4.0	4.5	5.0	5.6	6.0	6.3	7.0	8.0	9.0	10.0
11.0	12.0	12.7	13.0	14.0	15.0	16.0	(17.0)	18.0	19.0	20.0
22.0	25.0	25.4	28.0	(30.0)	32.0	36.0	38.0	40.0	45.0	50.0

備　考　1.　括弧以外の標準厚さの適用が望ましい。
　　　　2.　鋼帯及び鋼帯からの切板は，厚さ12.7mm以下を適用する。

表2-3　熱間圧延軟鋼板の標準幅（JIS G 3193：2008）

（単位mm）

600	630	670	710	750	800	850	900	914
950	1000	1060	1100	1120	1180	1200	1219	1250
1300	1320	1400	1500	1524	1600	1700	1800	1829
1900	2000	2100	2134	2438	2500	2600	2800	3000
3048								

備　考　1.　鋼帯及び鋼帯からの切板は，幅2000 mm以下を適用する。
　　　　2.　鋼板（鋼帯からの切板を除く。）は，幅914 mm，1219 mm及び1400 mm以上を適用する。

表2-4　熱間圧延軟鋼板の標準長さ（JIS G 3193：2008）

（単位mm）

1829	2438	3048	6000	6096	7000	8000	9000	9144
10000	12000	12192						

備　考　鋼帯からの切板には適用しない。

　一般には，標準幅と標準長さは914×1829（さぶろく），1219×2438（しはち），1524×3048（ごとう）が多く使用されている。
　呼び方のさぶろく，しはち，ごとうは，長さの単位をフィートで標記すると3フィート×6フィート，4フィート×8フィート，5フィート×10フィートとなることから，付けられたものである。

1.2　冷間圧延鋼板

　冷間圧延鋼板は，熱間圧延鋼板の中厚板を素材として，冷間でさらに圧延し0.15～3.2mmの板厚に仕上げたものである。**軟鋼板**と呼ばれているものは，炭素含有量0.1～0.3％程度のものをいい，一般には冷間圧延鋼板の総称となっている。
　冷間圧延鋼板の製造では，冷間圧延の工程に連続酸洗機を追加し，酸化膜（スケール）を十分に取り除いたあとで，連続冷間圧延機で所定の厚さに仕上げられる。また，冷間圧延の段階で圧延油を用いているため，この油を除去するための電気清浄装置をとおしてい

る。連続冷間圧延を終わった段階では，加工硬化(かこうこうか)を生じているため，焼なまし炉で加工硬化を取り除き，材質を整える。しかし，この状態では，かえって軟らかすぎることがあるので調質圧延（スキンパス）といわれる圧延を行う。この調質圧延は，形状と表面状態の改善にも役立っている。そして冷間圧延帯鋼として巻き取るか，シャーで切断して冷間圧延鋼板として仕上げるかどちらかの方法がとられる。

冷間圧延鋼板はJIS G 3141で5種類が規定されており，表2－5に示すとおりである。

記号のSは，材質を表し，鋼のSteelの頭文字を示している。記号のPCは，規格名や製品名を表し，板のPlateの頭文字と冷間圧延のCold Rolledの頭文字を示している。記号のC，D，E，F，Gは，種類を表し，一般用，絞り用，深絞り用，非時効性深絞り用，非時効性超深絞り用を示している。

また，これらの冷間圧延鋼板には，表2－6に示すような調質区分や表2－7に示すような表面仕上げ区分があり，記号の後に追加されて，SPCC－SDのように示される。

一般には，製品にする際に塗装を行うため，塗料の付着性がよいダル仕上げの鋼板を用いている。

JISにおける冷間圧延鋼板の標準厚さは表2－8に示す寸法となっている。

表2－5　冷間圧延鋼板の種類の記号　（JIS G 3141：2011）

種類の記号	適　用
SPCC	一般用
SPCD	絞り用
SPCE	深絞り用
SPCF	非時効性深絞り用
SPCG	非時効性超深絞り用

備考　SPCCの標準調質及び焼なましのままの鋼板及び鋼帯は，注文者の指定によって引張試験値を保証する場合，種類の記号の末尾にTを付けてSPCCTとする。

表2－6　調質区分（JIS G 3141：2011）

調質区分	調質記号
焼なましのまま	A
標準調質	S
$\frac{1}{8}$ 硬質	8
$\frac{1}{4}$ 硬質	4
$\frac{1}{2}$ 硬質	2
硬　質	1

備考　$\frac{1}{8}$ 硬質，$\frac{1}{4}$ 硬質，$\frac{1}{2}$ 硬質及び硬質はSPCCだけに適用する。

表2-7 表面仕上げ区分（JIS G 3141：2011）

表面仕上げ区分	表面仕上げ記号	摘　　要
ダル仕上げ	D	物理的又は化学的に表面を粗くしたロールでつや消し仕上げされたもの
ブライト仕上げ	B	滑らかに仕上げたロールで平滑仕上げされたもの

備考　焼なましのままの鋼板及び鋼帯には，この表は適用しない。

表2-8　冷間圧延鋼板の標準厚さ　（JIS G 3141：2011）

| 0.4 | 0.5 | 0.6 | 0.7 | 0.8 | 0.9 | 1.0 | 1.2 | 1.4 |
| 1.6 | 1.8 | 2.0 | 2.3 | 2.5 | (2.6) | 2.8 | (2.9) | 3.2 |

備考　括弧を付した値以外の標準厚さの適用が望ましい。

1.3　表面処理鋼板

　表面処理鋼板は，耐食性を目的に鋼板に表面処理したもので，これまでは鋼板に亜鉛めっきを施した**トタン板**（亜鉛鉄板）と鋼板にすずめっきを施した**ぶりき板**がその代表的なものとして多く使用されてきた。現在では，**防錆**と美観を目的としたものや，塗装性，耐熱性，制振性，その他特殊な性能を持たせたさまざまな種類のものが出回り，その用途や使用量が増えてきている。

　表面処理鋼板の種類を大別すると表2-9に示すようになる。このうち使用量の約$\frac{1}{3}$は亜鉛めっき鋼板が占め，自動車，建築，電気機器，自動販売機などの材料として広範囲な目的に使用されている。

表2-9　表面処理鋼板

種類		用途	摘　　要
め っ き	電気亜鉛めっき鋼板	車両，電気機器，事務用品，容器，建築など	鋼板に電気めっきによる亜鉛の薄い皮膜を施したもの。原板の機械的性質がそのまま生かされ，加工性が優れている。通常，耐食性や塗装性を増すためさらに，リン酸塩又はクロメート処理が施される。
	溶融亜鉛めっき鋼板（亜鉛鉄板）	車両，産業機器，電気機器，事務用機器，容器，土木建築など	鋼板に溶融めっきによる亜鉛の厚い皮膜を施したもの。一般用の他に絞り用，構造用などがある。
	ぶりき板（溶融めっき板，電気めっき板）	容器など	鋼板にすずめっきしたもので，表面が梨地仕上げのぶりきもあり，印刷や塗装後，独特の美しさを持ち，装飾缶に用いられる。
	クロムめっき鋼板	電気機器，事務用品，容器など	鋼板にクロムめっきしたもので，めっき層が薄くピンホールが多いため耐食性を増す目的で化学処理を施す。耐熱性，塗装下地性がよい。

分類	名称	用途	特徴
めっき	アルミめっき鋼板（アルミナイズド鋼板）	船舶，車両，電気機器，事務用品，容器，建築など	鋼板にアルミを溶融めっきしたもの。耐熱性，耐食性，熱反射性を利用し，自動車用マフラ，炉部品，煙突，ヒータ類に用いられる。
めっき	鉛すずめっき鋼板（ターン・シート）	車両，電気機器，事務用機器など	鋼板にターンメタル（鉛とすずの合金）をめっきしたもの。耐食性，はんだ性，絞り加工性が良好で，燃料タンク，テレビシャーシなどに用いられる。
めっき	銅めっき鋼板	車両，家庭用品，建築，電気機器など	鋼板に銅めっきすることにより，鋼の経済性と強度と銅の加工性，耐食性，ろう付け性，研磨性，電気伝導性などの特性を組み合わせたもの。
化学処理	りん酸塩処理亜鉛鋼板	車両，産業機器，電気機器，事務用機器，建築など	鋼板に亜鉛めっきしたあと，りん酸塩処理した鋼板で，耐食性，塗装性良好。自動車ボデー，事務用品，家庭用品に用いられる。
化学処理	クロム酸処理鋼板	電気機器，事務用機器，容器など	鋼板に酸化クロムの被覆を生成したもの。表面がきれいで接着性，耐食性，耐薬品性に優れ，印刷又は塗装して，ぶりきの代用となる。
化学処理	クロム酸処理亜鉛鋼板		亜鉛めっき鋼板の耐食性，塗装性を改善したもの。
塗装	塗装溶融亜鉛めっき鋼板（着色亜鉛鉄板，カラートタン）	建築，家庭用品など	亜鉛めっき鋼板の塗装性をよくするため化学処理（りん酸塩，クロム酸処理など）したあと，塗装焼付けしたもの。塗料としてはアミノアルキド系，アクリル系，オイルフリーポリエステル系などが用いられ，下塗り・上塗り（2コート）したものと，上塗りのみ2回（1コート）のものがある。
被覆	塩化ビニル鋼板	車両，電気機器，事務用品，建築など	鋼板に軟質塩化ビニルを強力に接着させたもので，複合体として両者の特性を合せ持つ。雑貨，装飾品，電気製品，車両，建築部材に用いられる。
その他	プリント鋼板	事務用品，家庭用品，電気製品，建築，車両など	鋼板に直接特殊な方法で柄模様を印刷したもの。密着性がよく，加工性もよい。
その他	防音断熱材被覆鋼板	建築材，家庭用品など	屋根材の亜鉛めっき鋼板の耐熱性，防音性，防露性の不良を改善するため，裏面にポリウレタンフォームを接着，ポリウレタン原料を塗装後加熱発泡などの処理をしたもの。
その他	プレ潤滑鋼板	プレス加工用	プレス加工時の潤滑油塗布作業を省くため鋼板にポリエチレン，塩化ビニル，ふっ素樹脂などをコーティングしたもの。
その他	クロム浸透鋼板	車両，建築など	鋼板にガス体のクロム化合物を反応させ，20～30％のクロム浸透層を作ったもの。耐食性，耐熱性に優れており，車両のマフラや建築材に用いられる。
その他	クラッド鋼板	プラント材など	鋼板にステンレス，チタン，アルミニウムなどを合せて圧延し，完全に一体化したもので，経済性や母材の機械的性質とクラッド材の特性を合せもつ。

第2章 板金材料

1.4 ステンレス鋼板

鋼は，空気中の水分や種々の酸性物質（薬品やガス）によって**腐食**されやすいため，鋼にクロム（Cr）やニッケル（Ni）を多量に添加して，この欠点をなくしたものがステンレス鋼である。

ステンレス鋼板は，台所の流し，浴槽，食器をはじめとする家庭用品や化学工業用設備，建設用材料などに広く使用されており，圧延工程によって熱間圧延ステンレス鋼板（JIS G 4304）と冷間圧延ステンレス鋼板（JIS G 4305）がある。板金工作に用いられている鋼板は冷間圧延ステンレス鋼板が大半を占める。表2－10に冷間圧延ステンレス鋼板の標準寸法を示す。

表2－10　冷間圧延ステンレス鋼板の標準寸法
（JIS G 4305：2012）（単位mm）

厚さ			幅×長さ
0.30	1.2	7.0	
0.40	1.5	8.0	
0.50	2.0	9.0	1000×2000
0.60	2.5	10.0	1219×2438
0.70	3.0	12.0	1219×3048
0.80	4.0	15.0	1524×3048
0.90	5.0	20.0	
1.0	6.0		

備考　上の表以外の寸法については，受渡当事者間の協定による。

ステンレス鋼板は，耐食性，耐熱性，耐摩耗性などを目的として使用されるが，板金工作に主に用いられる鋼板は，その金属組織の分類から，**オーステナイト**系，**フェライト**系，**マルテンサイト**系に大別され，金属組織による性質の違いや熱処理による性質の変化などを考慮して，使用目的に合わせた鋼種を選定する必要がある。またステンレス鋼板は，他の鋼や異種金属と接触させていると腐食しやすくなるので注意が必要である。

（1）オーステナイト系ステンレス鋼板

一般に**延性**及び**靭性**に富み，深絞り，曲げ加工などの冷間加工性が良好で溶接性も優れている。さらに**耐食性**も優れ，低温，高温における性質も優秀である。オーステナイト系ステンレスはこれらの優れた性質のため，用途は広範囲にわたっており，家庭用品，建築用，自動車部品，化学工業，食品工業，合成繊維工業，原子力発電，ＬＮＧプラントなどに広く用いられている。また，磁性がないため（加工の方法によっては磁性を持つ場合が

ある），磁石を用いると他のステンレス鋼板と見分けることができる。

代表的なものはSUS304（呼称：サスさんまるよん）である。低炭素鋼（0.08％C以下）にクロム（18.00～20.00％）とニッケル（8.00～10.50％）を添加したもので，洋食器などに刻印されている18－8は，18－8ステンレス鋼（18％Cr－8％Ni）であることを表している。

（2）フェライト系ステンレス鋼板

熱処理により硬化することがほとんどなく，焼なまし（軟質）状態で使用される。また，マルテンサイト系ステンレスより成形性及び耐食性が優れており，溶接性も比較的良好であるため，一般耐食用として厨房用品，建築内装，自動車部品，ガス・電気器具部品などに広く用いられている。

代表的なものはSUS430（呼称：サスよんさんまる）で，低炭素鋼（0.12％C以下）にクロム（16.00～18.00％）を添加したもので，ステンレス鋼板中，比較的安価である。

フェライト系は，近年，製錬技術の進歩によって容易に低炭素にすることができるようになったため，耐食性，成形性のより優れた鋼種が豊富になった。さらに，極低炭素・窒素とした高純度フェライトステンレスは，オーステナイト系をはるかに凌ぐ耐食性を持ち，チタンに匹敵する極めて優れた耐候性を有する。

（3）マルテンサイト系ステンレス鋼板

焼入れによってマルテンサイト組織になり硬化するので，高強度，耐食・耐熱性が必要な機械構造用部品（タービンブレード，ポンプ，シャフト，ノズル）などに用いられ，平鋼の形状で使用されることが多い。

代表的なものはSUS403，SUS410の13クロム系のステンレスで，低炭素鋼（0.15％C以下）にクロムをそれぞれ11.50～13.00％，11.50～13.50％添加したものである。他に，SUS420は高炭素（0.16～0.40％）で，耐摩耗性が優れているので，刃物，医療用器具として用いられる。また，最高の硬さを有するSUS440（18クロム系高炭素）は軸受，ベアリングに使用される。

第2節　非鉄金属材料

板金材料に用いられる金属材料のうち鋼板のように鉄を主成分としないものを非鉄金属材料という。アルミニウムや銅，チタンはその代表的な金属である。特にアルミニウム合金板は，航空機，鉄道車両，事務機器，家電製品，建築内外装材など板金加工用材料として多く用いられている。

2.1 アルミニウム板及びアルミニウム合金板

アルミニウム（Al）の比重は2.7で銅（8.96）や鉄（7.87）の約$\frac{1}{3}$と非常に小さいため，いろいろな分野での軽量化に役立っている。表面は酸化されるが，すぐに薄い酸化皮膜が形成され，自己防護するので耐食性が優れている。また，展延性に富み熱や電気伝導性がよい，非磁性であるなどの特徴がある。

アルミニウム及びアルミニウム合金のJIS記号は，鉄鋼と異なる記述をしている。板金材料として多く用いられているアルミニウム及びアルミニウム合金板はJIS H 4000に規定されている。材質記号はAと4けたの数字で表されており，その見方は以下のようである（JIS規格非鉄ハンドブック：参考欄参照）。表2－11にアルミニウム板の標準寸法を示す。

表2－11　アルミニウム及びアルミニウム合金板の標準寸法
（JIS H 4000：2006）　　　　　（単位mm）

厚さ	幅×長さ			
	400×1200	1000×2000	1250×2500	1525×3050
0.3	○	—	—	—
0.4	○	—	—	—
0.5	○	○	○	—
0.6	○	○	○	—
0.7	○	○	○	—
0.8	○	○	○	—
1.0	○	○	○	—
1.2	○	○	○	—
1.5	○	○	○	○
1.6	○	○	○	○
2.0	○	○	○	○
2.5	○	○	○	○
3	○	○	○	○
4	—	○	○	○
5	—	○	○	○
6	—	○	○	○

1位	2位	3位	4位	5位
A	×	×	×	×

第1位　アルミニウム及びアルミニウム合金を表すAで，我が国独自の接頭語。

第2位～第5位の4けたの数字はISOにも用いられている国際登録合金番号である。

第2位　純アルミニウムについては数字1，アルミニウム合金については主要添加元素により数字2から8までの次の区分により用いる。

- 1：アルミニウム純度99.00%以上の純アルミニウム
- 2：Al － Cu － Mg系合金
- 3：Al － Mn系合金
- 4：Al － Si系合金
- 5：Al － Mg系合金
- 6：Al － Mg － Si系合金
- 7：Al － Zn － Mg系合金
- 8：上記以外の系統の合金

第3位　数字0～9を用い，次に続く第4位及び第5位の数字が同じ場合は，0は基本合金を表し，1から9まではその改良型合金に用いる（例えば2024の改良型合金を2124, 2224, 2324と表す）。日本独自の合金又は国際登録合金以外の規格による合金についてはNとする。

例：A 1<u>0</u>80，A 7<u>N</u>01

第4位及び第5位　純アルミニウムはアルミニウムの純度小数点以下2けた，合金については旧アルコアの呼び方を原則としてつけ，日本独自の合金については合金系別，制定順に01から99までの番号をつける。

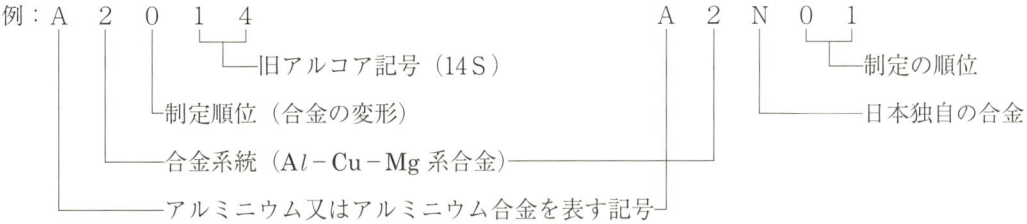

4けたの数字に続いて1～3個のローマ字が付されるが，これは材料の形状を示す形状記号で，表2－12に示す。

表2－12　アルミニウムの形状記号

記　号	意　味	記　号	意　味
P	板，条，円板	TW(TWS)	溶接管(同左特殊級)
PC	合せ板	TWA	アーク溶接管
BE	押出棒	S(SS)	押出形材(同左特殊級)
BD	引抜棒	FD	型打鋳造品
W	引抜線	FH	自由鋳造品
TE(TES)	押出継目無管(同左特殊級)	H	箔
TD(TDS)	引抜継目無管(同左特殊級)		

（1） 純アルミニウム（1000系）

純アルミニウムは，アルミニウムの純度が99.00％以上のもので，強度は低いが，成形性，溶接性，耐食性に優れており，各種器物，照明器具，電気器具，箔、印刷板などに使われている。

（2） アルミニウム－銅－マグネシウム合金（2000系）

ジュラルミンや**超ジュラルミン**とも呼ばれ，熱処理によって，鋼に匹敵する高い強度が得られ，切削加工性もよく，航空機用材，各種構造材などに使われている。

他のアルミニウム合金に比べて銅の添加量が多く耐食性に劣るため，耐食性が求められる場合は純アルミニウム板などを張り合せて圧延した合せ板（クラッド材）を用いる。

（3） アルミニウム－マンガン合金（3000系）

純アルミニウムの強度を向上させながら同等の加工性，耐食性を持ち，各種容器，屋根材やドアパネル材などの建築用材，カラーアルミニウムなどに用いられている。

（4） アルミニウム－マグネシウム合金（5000系）

アルミニウム合金中最も耐食性に優れており，車両や船舶用材，圧力容器，タンクなどに用いられている。

アルミニウム合金の性質は，質別*によっても著しく変わるので，調質による分類にも注意しなければならず，調質記号を確認する必要がある。

2.2 銅板及び銅合金板

銅及び銅合金は，他の金属材料と比較して，電気や熱の良導体であり，耐食性に優れ，空気中でも酸化しにくく，金，銀についで展性，延性に富んでいて，薄板や細線に伸ばすことが容易であるという特徴がある。

銅板及び銅合金板の代表的なものを表2－13に示す。表中の等級は，板の厚さの許容差により普通級，特殊級に区分される。

＊質別：製造過程における加工・熱条件の違いによって得られるものの機械的性質の区分をいい，基本記号として，
　　　F：製造のままのもの　　　O：焼なましたもの
　　　H：加工硬化したもの　　　T：熱処理によってF・O・H以外の安定な質別にしたもの
　　を表す。

表2－13 銅及び銅合金板と条（JIS H 3100：2012）

種類		等級	記号	参考	
合金番号	形状			名称	特色及び用途例
C 1020	板	普通級	C 1020 P*	無酸素銅	導電性・熱伝導性・展延性・絞り加工性に優れ，溶接性・耐食性・耐候性がよい。還元性雰囲気中で高温に加熱しても水素ぜい化を起こすおそれがない。電気用，化学工業用など。
		特殊級	C 1020 PS*		
	条	普通級	C 1020 R*		
		特殊級	C 1020 RS*		
C 1100	板	普通級	C 1100 P*	タフピッチ銅	導電性・熱伝導性に優れ，展延性・絞り加工性・耐食性・耐候性がよい。電気用，蒸留がま，建築用，化学工業用，ガスケット，器物など。
		特殊級	C 1100 PS*		
	条	普通級	C 1100 R*		
		特殊級	C 1100 RS*		
C 1201	板	普通級	C 1201 P	りん脱酸銅	展延性・絞り加工性・溶接性・耐食性・耐候性・熱伝導性がよい。合金番号 C 1220 は還元性雰囲気中で高温に加熱しても水素ぜい化を起こすおそれがない。合金番号 C 1221 は，C 1201 及び C 1221 より導電性がよい。ふろがま，湯沸器，ガスケット，建築用，化学工業用など。
		特殊級	C 1201 PS		
	条	普通級	C 1201 R		
		特殊級	C 1201 RS		
C 1220	板	普通級	C 1220 P		
		特殊級	C 1220 PS		
	条	普通級	C 1220 R		
		特殊級	C 1220 RS		
C 2100	板	普通級	C 2100 P	丹銅	色沢が美しく，展延性・絞り加工性・耐候性がよい。建築用，装身具，化粧ケースなど。
	条	普通級	C 2100 R		
		特殊級	C 2100 RS		
C 2200	板	普通級	C 2200 P		
	条	普通級	C 2200 R		
		特殊級	C 2200 RS		
C 2600	板	普通級	C 2600 P*	黄銅	展延性・絞り加工性に優れ，めっき性がよい。端子コネクタなど。
	条	普通級	C 2600 R*		
		特殊級	C 2600 RS*		
C 2680	板	普通級	C 2680 P*		展延性・絞り加工性・めっき性がよい。スナップボタン，カメラ，まほう瓶などの深絞り用，端子コネクタ，配線器具など。
	条	普通級	C 2680 R*		
		特殊級	C 2680 RS*		
C 2720	板	普通級	C 2720 P		展延性・絞り加工性がよい。浅絞り用など。
	条	普通級	C 2720 R		
		特殊級	C 2720 RS		
C 2801	板	普通級	C 2801 P*		強度が高く，展延性がある。打ち抜いたまま又は折り曲げて使用する配線器具部品，ネームプレート，計器板など。
	条	普通級	C 2801 R*		
		特殊級	C 2801 RS*		

備考　＊導電用のものは，記号の後にCを付ける。

（1）銅　　板

銅板は，製法によって無酸素銅，タフピッチ銅，りん脱酸銅の3種類に分けられる。

銅板は，加工が進むに従って，硬くなり（加工硬化），もろくなって割れやすくなるため，600〜650℃の温度で焼なましを行う必要がある。

（2）丹　銅　板

黄銅のなかでも亜鉛の割合が5〜20％のものを丹銅と呼ぶ。

丹銅は，展延性が大きく色沢も美しいため，装飾金具や化粧品ケースなどに用いられる。

（3）黄　銅　板

銅と亜鉛（Zn）を主成分とする合金を黄銅という。これは一般に真鍮（しんちゅう）と呼ばれるものである。なかでも亜鉛の割合が30％の黄銅を七三黄銅と呼び，展延性が優れているのでプレス加工用材料に用いられる。また，亜鉛の割合が40％の黄銅を六四黄銅と呼び，七三黄銅と比較して強靱（きょうじん）であり，安価であるため機械部品などに用いられる。

黄銅は，加工後時間が経過してから自然に割れが発生することがあるが，低温（180〜250℃）で焼なましを行うことで，その発生を防ぐことができる。

2.3　チタン及びチタン合金板

チタンは，軟鋼程度の強度を有し，比重が4.5と比較的軽くかつ耐食性・耐候性に優れている。チタン及びチタン合金は，アクセサリーや各種工業用容器，航空機，熱交換器，レジャー用品，医療用材料及び建材に利用されている。近年，用途が広がってきた金属の一つである。

第2章　学習のまとめ

この章では，板金材料として使われている鉄鋼材料，非鉄金属材料について，それぞれの性質，規格，用途などについて学んだ。

練習問題

次の文章の中で，正しいものには○印を，誤っているものには×印をつけなさい。

（1）　鋼板の大きさは，普通縦横の比が，1：2になっている。
（2）　トタン板は，鋼板にすずめっきをしたものである。
（3）　ステンレス鋼は，鋼にクロム（Cr）やニッケル（Ni）を添加した鋼である。
（4）　ジュラルミンは銅合金の一種で，航空機材料として使われている。
（5）　真鍮は，銅と亜鉛を主成分とする合金である。

第3章 板金加工の種類及び加工法

　素材から製品をつくるには，無駄なく正確に部品を取り出し，材料の性質を理解した加工をしていく必要がある。

　この章では，けがき，切断，曲げ，打出し，絞り，ひずみ取り，仕上げ，さらにCAD／CAM，FMSなど生産システムの概要及び部品や製品の検査を行う測定法について述べる。

第1節　板取りけがき

　板取りけがきとは，工作図面に示された製品をつくるのに必要な形状を，材料に無駄のないような配置をして，板金材の上に実際の寸法でけがくことである。板取りけがきは，板金加工において製品寸法やできばえ，成否に大きな影響を与える。

　板金加工は，機械や手仕上げによる切削加工と異なり，板状の材料から立体的製品を製作するもので，板取りにおいては，材料の経済的使用を考えるほか，曲げの展開寸法計算，絞りブランクの計算，又は展開図法が必要となる。また，接合部のはぜ組みしろ，リベット締めの重ねしろ，その他溶接，ろう付などの場合に考慮すべきさまざまな問題があるが，これらは各加工法において述べることとし，ここでは，板取りけがきの基本事項について述べる。

1.1　板取りけがき用工具

　板取りけがき作業には，スケール（ものさし），けがき針，コンパスなどが使用される。

（1）スケール

　0.5又は1mm単位で長さを移したり，測ったりするもので，**直尺**（ちょくじゃく），**曲尺**（かねじゃく），**折り尺**，**巻尺**など各種形状のものがある。

　直尺は，JIS B 7516で金属製直尺として規定されている。板金作業には図3－1（a）が用いられ，長さは目盛全長で表し，150，300，600，1000，1500及び2000mmのものがある。金属製直尺には炭素鋼製とステンレス鋼製とがあり，目盛精度が正確で，また両側面の真直性がよいので，直定規として使用することもできる。

曲尺は JIS B 7534 で金属製角度直尺として規定され，**さしがね**とも呼ばれ，長枝 250〜500mm，短枝 130〜250mm の目盛が刻んであり，直角のけがきや勾配のけがきに用いられる（図 3－1（b））。

鋼製巻尺（図（c））は，屈曲自在で伸ばして直尺と同様に使用できるもので，格納，携帯に便利なもので，**コンベックスルール**ともいわれている。テープの断面形状が湾曲しているため，伸ばしたとき直線を保ちやすく，また，自由に曲がるので，曲線や円形の物の測定に便利であるが，精度は直尺より劣る。巻尺や折り尺は長さの測定用で，板取りけがきにはあまり使用されない。

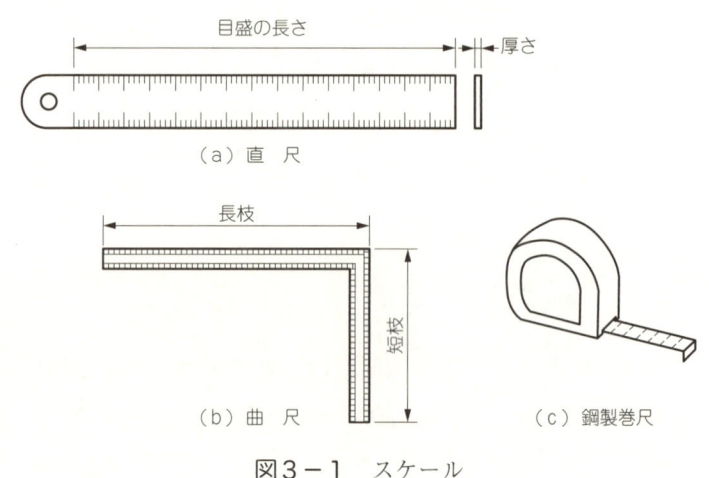

図 3－1 スケール

（2）けがき針

炭素工具鋼などの高炭素鋼の細い丸棒を火造りし，先端をとがらせて焼入れ硬化したもので，定規，型板（**がばり**）などを案内として，板材や工作物に線を引くのに用いる（図 3－2）。

図 3－2（a）の先端が曲がっているところは，隅部の穴けがきなどに用い，図（b）の平らになっているものは，薄板のはぜ組みのときのはぜ起こしとして使用する。

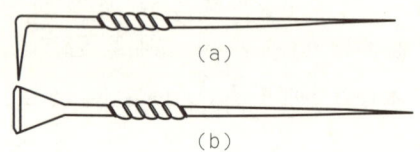

図 3－2 けがき針

（3）コンパス

スケールより寸法を移すときや，円，円弧のけがき，直線の等分に使用する。

普通形式の鋼製コンパス（図 3－3（a）），スプリングコンパス（図（b）），ビームコンパス（図（c））がある。コンパスの開き角度 θ は，普通形式のものは 10〜60°程度，スプリングコンパスは 10〜25°程度が適当である。ビームコンパスは，大径の円や円弧のけがきに使用する。

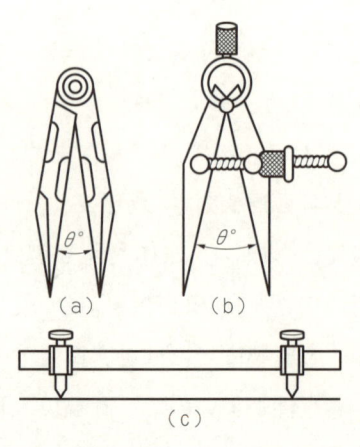

図 3－3 コンパス

（4）ハイトゲージ

製品の高さを測定するものであるが，けがきにも使用できる。特に精密なけがきを行う場合によく使われるが，バーニヤの目盛により0.02mm単位の測定やけがきに使用される（図3－4）。また，数値がモニタに表示されるデジタル式のものも多数使用され，測定やけがき誤り防止の効果があり，スクライバ先端を任意の位置で0設定できる。

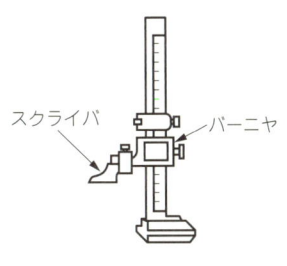

図3－4　ハイトゲージ

（5）その他

けがき用工具には，センタポンチ，片手ハンマ，スコヤ（直角定規）などがある。

けがき用具には，石筆，ご粉を溶かし込んだ墨つぼ，墨さしがあり，これは黒皮の鋼板や形鋼材(かたこうざい)にけがき線を引くときに用いる。また，鉛筆は，アルミニウム板やステンレス鋼板のけがきに用いる。

1.2　けがき方法

（1）けがき線の種類

けがき線には次のような種類があり，それぞれの目的によって使い分ける。

①　基準線：けがき作業を進めていくときの基準となる線。
②　加工線：切断や曲げなどの加工位置を示す線。
③　補助線：加工線を引くときの補助をする線。
④　捨て線：加工線に沿って，一定の間隔で引く線。この線は，加工により加工位置を示す加工線が消失したとき，加工の目安となり，また，加工状態の良否の判定に使われる。
⑤　ガイド線：取付けの基準を与える線。

（2）スケールとけがき針による直線のけがき

スケールにより寸法を取るときは，図3－5に示すように，板端又は板にけがいた中心線（基準線）を基準にして，直尺又は曲尺により寸法を移す。すなわち，スケールの所定寸法の目盛を板端又は基準線に合わせ，スケールの端にけがき針を沿わせて線を引く。

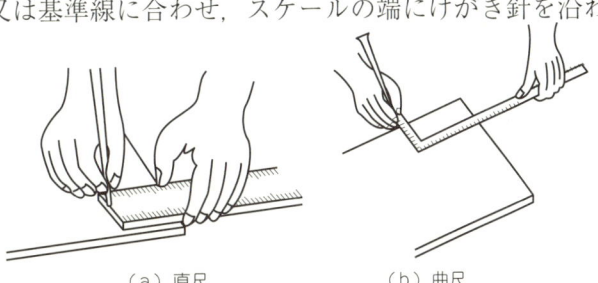

（a）直尺　　　　　（b）曲尺
図3－5　寸法の取り方

スケールの目盛を板端又は基準線に合わせるときは，目盛は真上から読み，正確に合わせる。板端又は基準線に対し数本の線を引くときは，直前に引いた線を基準にせず，どの平行線も板端又は基準線から寸法をとる。

けがき針で線を引くには，図3-6に示すように，けがき針をわずかに引く方向に傾け，かつ，定規に針先を密着させ，1回ではっきりした細い線が引けるようにする。

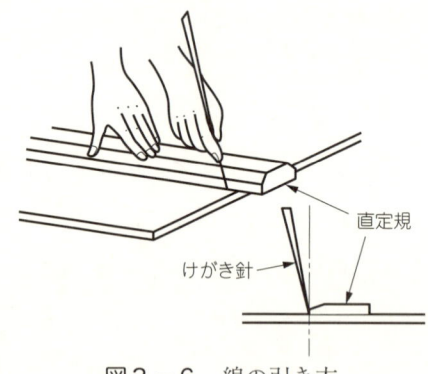

図3-6 線の引き方

（3）ハイトゲージによるけがき方

ハイトゲージは，図3-7（a）に示すように精密なけがきをするときによく使われ，各部の名称は図（b）のとおりである。

けがくときは，スクライバの先端下面が定盤にぴったり接し，本尺目盛の0とバーニヤ目盛の0が一致するように本尺を上下して微調整する。

目盛の0が一致したら，けがきをする高さまでスクライバを上げ，スライダ送り車で微調整し止めねじで固定する。板金材とスクライバの角度が60°くらいになるようにして，定盤上を一定の力で横にスムーズに滑らせ，1回で終わるようにけがく。

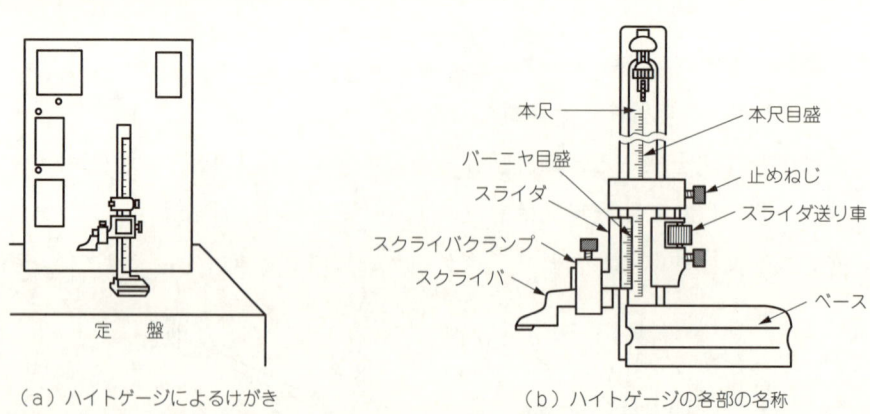

（a）ハイトゲージによるけがき　　（b）ハイトゲージの各部の名称

図3-7 ハイトゲージによるけがき

（4）コンパスによる円のけがき方

コンパスで円をけがくときは，円の中心に小さくセンタポンチを打ち，スケールで寸法を決めたコンパスの片方の足先をポンチ穴に入れ，図3-8に示すように，左手前から右回りに約半分けがいた後，元の位置に戻り，残りを逆方向にけがく方法が基本である。また，技能が上達すると，1回転でけがく方法も用いられている。

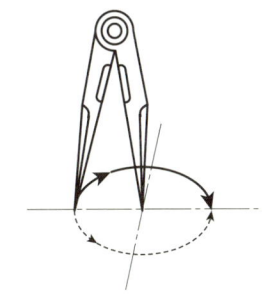

図3-8　円のけがき方

コンパスの開き寸法をスケールにより決めるときは，スケールの端は使わず，内部の目盛を使用する。また，寸法を決めたコンパスでいきなり円形にけがかず，直径線上にコンパスで印を付け，その直径寸法をスケールで測って確かめる。

板取りけがきでは，簡単で数の少ないものは，板材に直接けがくが，複雑な形状のもの，又は同じ形状のものを数多くけがくときは，厚紙又は亜鉛鉄板などに展開，板取りし，これを切り取って型板としてけがきをする。この型板を一般に「がばり（テンプレート）」という。

1.3　板取りけがきの要点

板取りは，製品のできばえと材料費に大きく影響するので，板取りするときは，次の点を考慮しなければならない。

①　材料が無駄にならないようにする（材料の経済的使用）。
②　切断，曲げなどの加工が，なるべく容易に行えるようにする（加工の難易）。
③　板の接合法と接合長さに留意する（溶接，はんだ付，はぜ組みなどにおいて接合長さが短くなるようにする）。
④　溶接熱の影響（加熱によるひずみ）。
⑤　製品の強さ，外観及び加工工数。

実際の板取りけがきでは，次のことを注意して行う。

〔板取りけがき上の注意〕

①　図面をよく読み，基準面，製作品の使用目的，加工精度などを知り，どのようにしたら速く正確に，材料を無駄なくけがくことができるかを考えて作業にかかる。
②　けがき線が切り取られたり，削り取られてなくなると思われるところは，けがき線を加工部分以外のところまで延長し，又は製品に影響のないところにポンチを打っておく（捨て線にはポンチは打たない）。

③ けがき線，ポンチの跡が製品の外観に出ないようにする。
④ けがきが終わったら，形状や寸法を検査する。

第2節　切　　断

　板取りけがきされた板金材は，各種の手工具，せん断機により切断される。切断の正確さ，切断面の状態は，その後の加工，製品の精度，良否に大きな影響を与える。

　正確な切断を行い，良好な切断面を得るためには，切断工具，せん断機の種類，機能，特徴，使用方法などをよく知り，習熟する必要がある。

2.1　切断用手工具と切断

（1）金切りはさみ

　金切りはさみは板金切断用手工具として最も多く使用される。

　はさみ本体は軟鋼で作られ，刃部には工具鋼が鍛接されている。大きさは全長をmmで表し，180，200，……360，390mmなどがある。また，本体のつくり，刃部の形状，刃部の厚さ，刃の研ぎ角などは，切断する板厚，切断線形状によって異なる。図3－9のaを切れ刃の研ぎ角といい，標準は65°である。また，刃先には切断中，上刃と下刃のはさみ角度βがあまり変化しないように，2～3°の逃げ角γが付けられている。

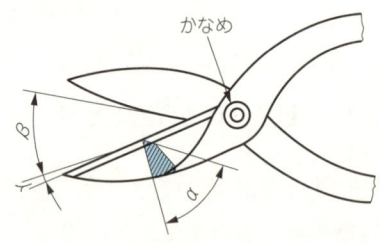

図3－9　金切りはさみの刃

　はさみには，刃部の形状によって，図3－10に示すように**直刃**（すぐ刃，まとも），**柳刃**（まがり刃，そり刃），**えぐり刃**がある。

　図3－11に示すように，直刃は直線や滑らかな大きな円や曲線の切断に，柳刃は刃部が緩やかな曲線状をしており，円形，曲線，直線の切断に使われ，その用途は広い。柳刃により円形や曲線を切断するときは，切断円弧とはさみの曲がりとを反対方向にして使用する。えぐり刃は，刃先が極端に曲がっており，板の内部に曲線状の穴を切り抜くのに用いる。

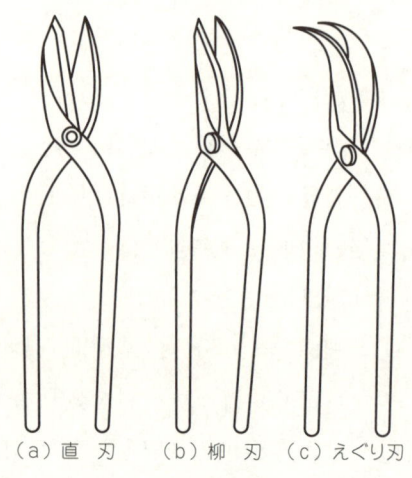

（a）直　刃　　（b）柳　刃　　（c）えぐり刃

図3－10　金切りはさみ

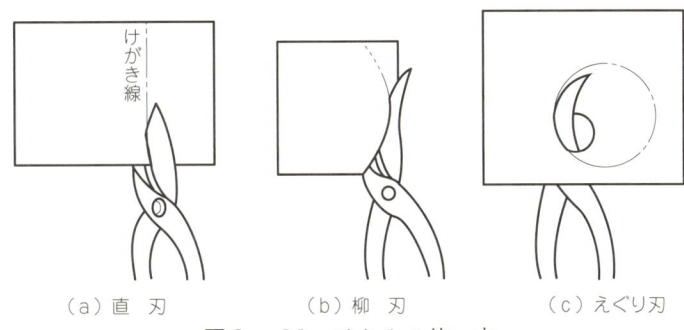

（a）直 刃　　　（b）柳 刃　　　（c）えぐり刃

図3－11　はさみの使い方

はさみには，このほか建築板金用として，ダクトはさみ，波板を切る生子切りはさみなどがある。はさみのかなめは，固く締めると使いにくく，適度の緩みが必要である。

はさみの持ち方は，図3－12（a）に示すように，きき手の親指と人さし指の根元深くで上柄の端部を握る。小指を柄の末端にし，小指，薬指，中指の第1関節と第2関節で下柄を握る。人さし指をのばし，指の腹部を柄に当て，ばねの役目をさせる。厚板のときは図（b）に示すように人さし指も添え，4本で柄を握る。

はさみの使い方は，図3－12に示すようにはさみを持ち，下柄を手のひら方向に寄せるように握りしめ，上刃と下刃が隙間なくかみ合うようにしながら切断する。このとき刃の面を板面に対して直角に保つようにすることが大切である。

金切りばさみによって板金材を切断するときは，切り落とす側を右側にし，切りくずを多少曲げるようにして切断することが多いが，条件によっては逆にすることもある。

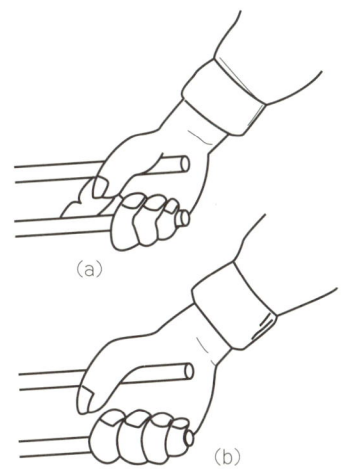

図3－12　はさみの持ち方

（2）金切りのこ

弓のこ，手のこともいわれ，形鋼材，棒鋼，厚板，管（パイプ）などの切断に用いられる。

刃を取り付けるフレームには，一定の長さの刃しか取り付けられない固定式（図3－13（a））と，刃の長さによって伸縮できる調整式（図（b））とがある。のこ刃（ハクソー）の長さは，取付け用の二つの穴の中心間長さをmmで表し，200,

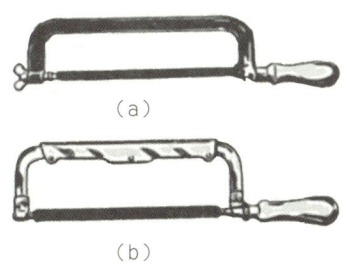

図3－13　金切りのこ

250,300mmがある。刃は硬く焼入れされており,折れやすい。

　刃の粗さは,25.4mm（1インチ）当たりの刃数でいい,金属切断用のものとしては,14,18,24,32のものがある。金切りのこで板金材を切断するときは,切断材の材質,大きさによって,表3－1に示すような刃数のものを選んで使用する。一般に,軟らかい材質には刃数の少ないものを使う。

　のこ刃は,のこを前方に押すとき切断するように取り付け,適度の張りを持つようにねじを締め付ける。切断するときは,切断材の切断部を**万力**の口金近くにくわえ,図3－14に示すように持ち,刃全体を使用して水平方向に押し出す。引き戻すときは,わずかにのこ刃を浮かすつもりでまっすぐ引き,ときどき注油する。管（パイプ）を切断するときは,図3－15（a）に示すように一方向から切断していくと,のこ刃が管の内面にひっかかり折れやすいので,図（b）に示すような要領で,のこ刃を押し出す角度を変えなが

表3－1　のこ刃の刃数と切断材

| 刃　　数 | 切　断　材 | |
(25.4mmにつき)	種　　類	厚さ又は直径　　（mm）
14	炭素鋼（軟鋼） 鋳鉄,合金鋼,軽合金 レール	厚さ25を超えるもの 直径6以上25以下 —
18	炭素鋼（軟鋼） 鋳鉄,合金鋼	厚さ25を超えるもの 直径6以上25以下
24	鋼管 合金鋼 山形鋼	厚さ4以上 厚さ6を超え25以下 —
32	薄鋼板,薄肉鋼管 小径合金鋼	— 直径6以下

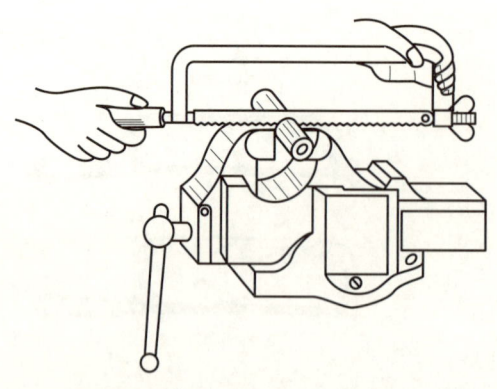

図3－14　金切りのこの持ち方

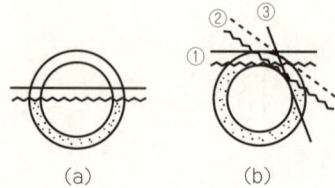

図3－15　管の切断

ら切断するとよい。

（3）た　が　ね

　板金材の手工具による切断には，たがねも使われる。板金材を万力にくわえ，平たがねで切断するほか，図3－16に示すように，平たがね又は片刃たがねを用い，**定盤**上で切断することも行われる。

　たがねによる板金材の切断は，切断ひずみの発生が多く，切り口は平滑でないが，えぐり刃はさみによる穴の切抜きの際の切断が困難な小さな下穴あけなどの場合に行われる。

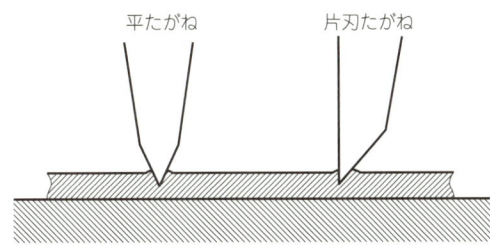

図3－16　たがねによる切断

（4）切断用電動工具

ａ．電気はさみ（ハンドシャー）

　図3－17（a）に示すようなもので，図（b）のように小さな2個の刃のうち，下刃がブレードに固定され，上刃が速く小さく上下運動をして，連続的に板金材を直線又は曲線状に切断する。

　切断可能な板厚は，シャーの大きさで異なるが，大きなもので軟鋼板の場合2.3mmくらい，ステンレス鋼板はその半分くらいまでである。また，上刃と下刃のかみ合いの**クリアランス**（すきま）は，板厚の$\frac{1}{20}$程度に調整する。

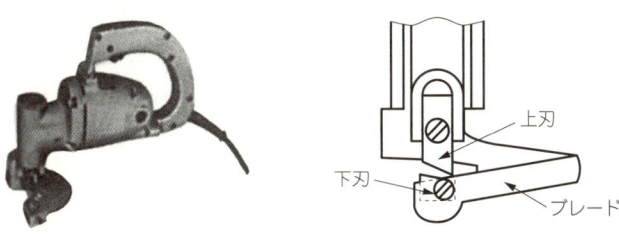

（a）電気はさみ　　　　　　（b）電気はさみの刃部

図3－17　電気はさみ

ｂ．電気ニブラ

　図3－18に示すようなもので，図3－19のように，パンチとダイにより連続的に打ち

抜くことによって，板金材を直線又は曲線状に切断する。また，窓抜きを行う場合は，ダイのホルダ部が入る穴（直径30mm以上）をあらかじめあけ，そこにホルダ部を挿入して切断する。

この切断法では，パンチ直径に相当する幅寸法で板金材が打ち抜かれるため，材料歩留まりの点で不利になるが，連続打抜きによる切断であるため，切断ひずみは少ない。

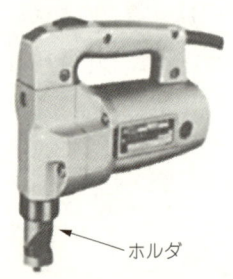

図3－18　電気ニブラ

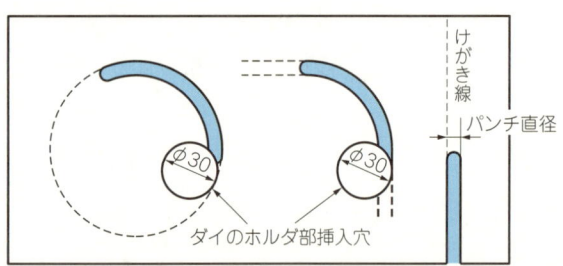

図3－19　電気ニブラによる切断

2.2　せん断用機械と切断

(1)　直刃せん断機

機械本体のシャーテーブルに取り付けた下刃と，スライドに取り付けた上刃との間に板金材を入れ，スライド（上刃）を下降させて，上刃と下刃の間で板金材を直線状にせん断するもので，スライドを下降させるのに人力を用いるものと，動力を用いるものとがある。

a．フートシャー（足踏みせん断機）

てこの機構を利用してスライドを下降させる人力式のせん断機である（図3－20）。

せん断は，板金材のけがき線を下刃の端に合わせ，てこを利用した板押さえで，板金材をシャーテーブル上に固定した後，機械の下方にある踏み板を強く踏んでスライドを下降させ，せん断する。

切断可能な板厚は軟鋼板で1.0mm，長さは1000mmのものが多い

図3－20　フートシャー

b．動力シャー（動力せん断機）

動力シャーには機械式（メカニカル式）と油圧式があるが，一般には機械式のものが多く使用されている。動力シャーの切断能力は，軟鋼板の板厚や長さで示されることが多い。

図3－21は，一般的な機械式動力シャーの外観，構造及び駆動機構の例を示したもの

である。主モータにより回転させたフライホイール（はずみ車）の回転エネルギーを，クラッチを入れることにより駆動軸に伝え，偏心盤を回転させてコンロッド（連接棒）を引き下げ，スライドを下降させて板金材をせん断する。クラッチを切ると，ブレーキが作動してスライドは上死点で停止し，フライホイールは空転状態になる。

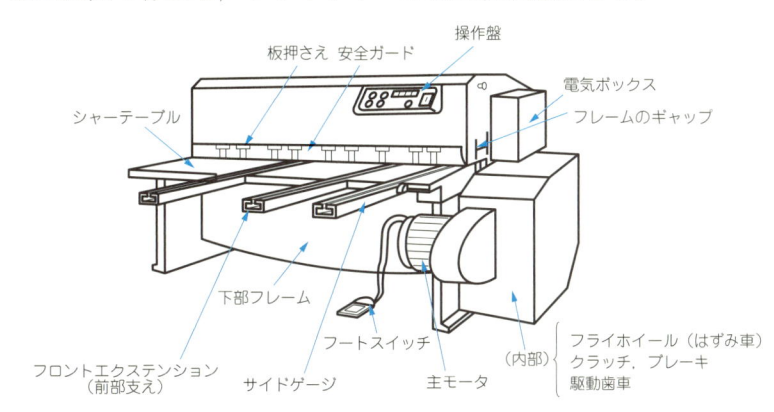

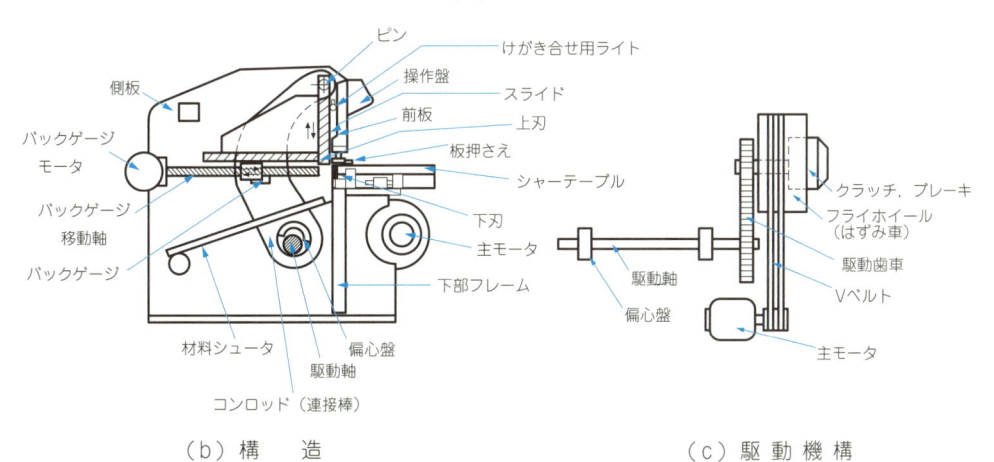

図3－21　動力シャー

運転の種類は，一般に単動（1行程），連続及び寸動運転ができるものが多く，これらは操作盤のセレクトスイッチで選択する。

単動（1行程）運転は，フートスイッチペダルを踏むと1行程作動して上死点で停止し，次の行程はペダルから足を一度離してから踏み直さないと作動しない。この装置を**ノンリピート**（二度落ち防止）装置といい，安全上重要である。普通の切断作業は，この単動運転で行う。

連続運転は，ペダルを踏んでいる間連続して作動し，ペダルから足を離すと上死点で停止する。同じ寸法に大量切断するときに用いる。

寸動運転は，ペダルから足を離すとその位置で停止する。上刃と下刃の**クリアランス**（すきま）を調整するときや，刃を交換するときに用い，切断作業には使用しない。

　このほか，運転の種類として，フートスイッチペダルを踏まなくても，板金材を突当てに当てるだけで作動する装置を持ったシャーがある。これは，同じ長さに大量切断するのに便利であるが，危険が伴うので注意しなければならない。

　なお，板押さえは，スライドが下降する直前に自動的に下降して，シャーテーブルに板金材を強く押さえ付けて固定し，せん断時に板金材がはね上がったり，ずれたりするのを防ぐ役目をしている。板押さえの作動には，機械的な方法によるものと，油圧によるものとがある。

　動力シャーでは，けがき線を下刃の端に合わせることは，板押さえや安全ガードにより，けがき線がさえぎられて見えにくいため，けがき合せ用のライトを設け，ライトビームの線とけがき線を合わせるようにしたものがある（図3－21（b））。

　板金材を，けがき線によらずにある寸法に切断する場合には，**バックゲージ**又はシャーテーブル上の**フロントゲージ**（手前ゲージ）を使用する。

　バックゲージには手動式のものもあるが，電動式のものが多い。電動式の場合，その操作は操作盤の押しボタンで行い，寸法は操作盤上に通常0.1mm単位で表示される。このバックゲージの精度は，板金加工上きわめて重要で，その平行度及び表示寸法と実際の切断材の寸法との関係を，ときどき検査することが必要である。なお，バックゲージを使って大きな寸法に切断する場合，板金材の先がたれ下がって，設定寸法より大きくなりやすいので注意しなければならない。このために，板金材のたれ下がりを支えるためのサポータを装備したシャーもある。

　フロントゲージは，バックゲージが使用できない場合に用いる。これは，板金材のたれ下がりによる寸法の狂いはないが，手動式フロントゲージでは0.1mm精度に寸法を合わせることは，一般に困難である。

　せん断機には，作業者の災害防止のため，回転部分には**安全カバー**が，板押さえの前には手指が板押さえの下や刃部に入らないように，**安全ガード**が取り付けられている。

　また，機械の後方には，せん断された板金材を取り出しやすくするため，集積装置（パイラ）が取り付けられているものもある。

　図3－21（a）に示すように，フレームにギャップ（すきま）を設け，板金材を横方向に送りながら，シャーの刃全長（テーブル幅）より横幅が広い板材をせん断できるようにしたものを**ギャップシャー**といい，このギャップがないものを**スケヤシャー**という。従

来は，厚板せん断機にギャップシャーが多く，薄板用はほとんどスケヤシャーであったが，刃が交換しやすい利点があるため，薄板用にもフレームにギャップを設けたものが多くなった。

　c．直刃せん断機刃部
（a）刃の断面形状

　直刃せん断機の刃は，炭素工具鋼（SK材）又は合金工具鋼（SKS，SKD材）で作られ，その断面形状には図3－22に示すようなものがある。

　図の（a），（b）は，刃にすきま角 α 又は前傾斜角 β が付いているので，せん断精度はよいが，刃の製作が面倒であるので，高い精度が要求されるものに使われる。図（c）の**四方刃**は，切れ刃が四隅の4箇所あり，刃が摩耗したら取付け方向を変えて使うことができるので，経済的であり，刃の製作も容易なため最も多く使われる。

（b）クリアランスとせん断切り口

　直刃せん断機の上刃と下刃の関係は，図3－23に示すようになっており，上下の刃の間には良好なせん断を行うため，**クリアランス**（図3－23のC）が付けられている。クリアランスの大きさは，軟鋼せん断のときは，板厚の5～7％程度が適正である。

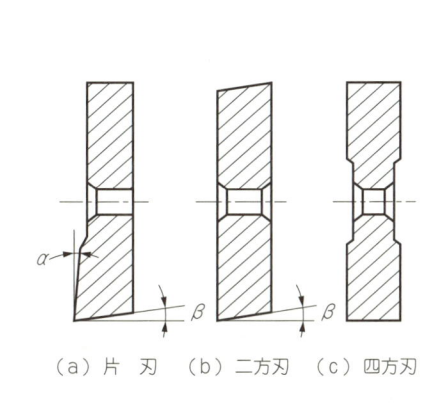

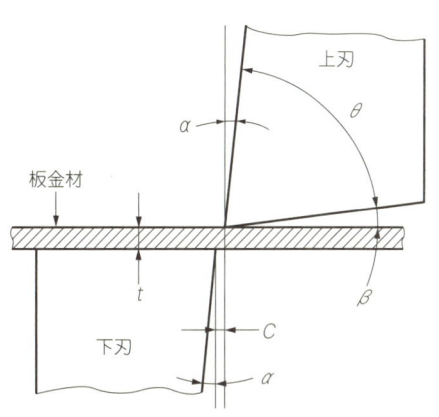

(a) 片刃　(b) 二方刃　(c) 四方刃

C：クリアランス t×（0.05～0.07）
α：すきま角又は逃げ角（0～2°）
β：前傾斜角（0～3°）
θ：刃先角

　　図3－22　刃の断面形状　　　　図3－23　直刃せん断機の刃先

　適正クリアランスでせん断した切り口は，図3－24（a）のように**せん断面**（光輝面，バニシ面）は，板厚の約 $\frac{1}{3}$ 程度となり，**だれ**，**かえり**（**ばり**）も比較的小さい。

　クリアランスが大きすぎると，図（b）のようにせん断面が少なく，**破断面**が広く斜めになり，かえりが大きくなる。しかし，所要せん断力は小さい。

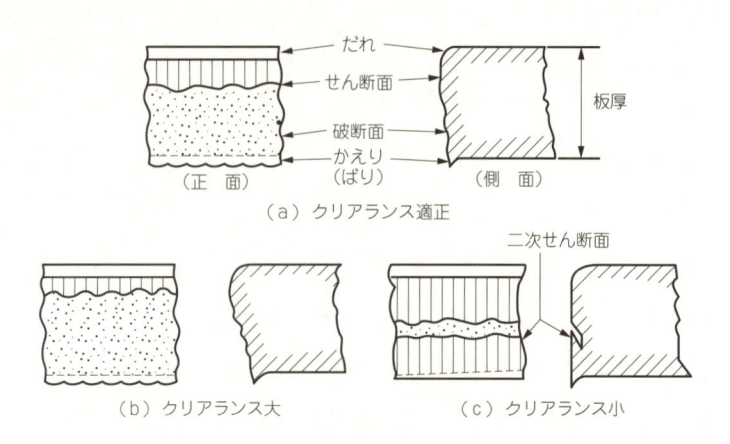

図3－24　せん断切り口の形状

クリアランスが小さいと，図（c）のように二次せん断面が生じ，所要せん断力が大きくなって，刃の摩耗，損傷が生じやすくなる。

直刃せん断機の能力は，せん断し得る軟鋼板の板厚（mm）×長さ（mm）で示される。これは，機械が安全に耐え得る値であるが，実際の使用に当たっては，せん断材の材質やクリアランスがいくらに調整されているかによって，せん断し得る板厚が決まる。

クリアランスの調整は，一般に下刃又は下刃が固定されているシャーテーブルを調整ねじで前後させて行うが，面倒な作業である。最近は，せん断材の板厚や材質によってクリアランスを簡単に変えることができるせん断機もある。

（c）シャー角

直刃せん断機では，所要せん断力を小さくするため，上刃と下刃の上下間隔を平行にせず，図3－25に示すように上刃に傾きを付ける。この傾き角を**シャー角**という。

シャー角は，薄板せん断用のものは小さく（板厚1～3mm用で1.25°から3.5°），厚板用はそれより大きくする。

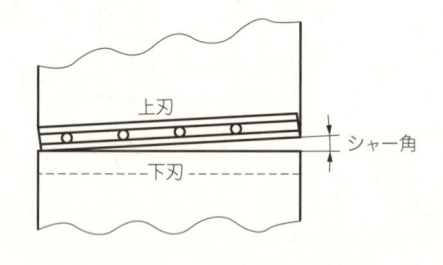

図3－25　シャー角

シャー角を大きくすると，所要せん断力は小さくなるが，帯状に細長くせん断する場合，図3－26に示すような**ボウ**（そり），**ツイスト**（ねじれ），**キャンバ**（曲がり）などの形状不良が増大するので，精密せん断用はシャー角を小さくする。しかし，この場合には，機械の剛性を大きくし，耐え得る力を大きくしなければならない。

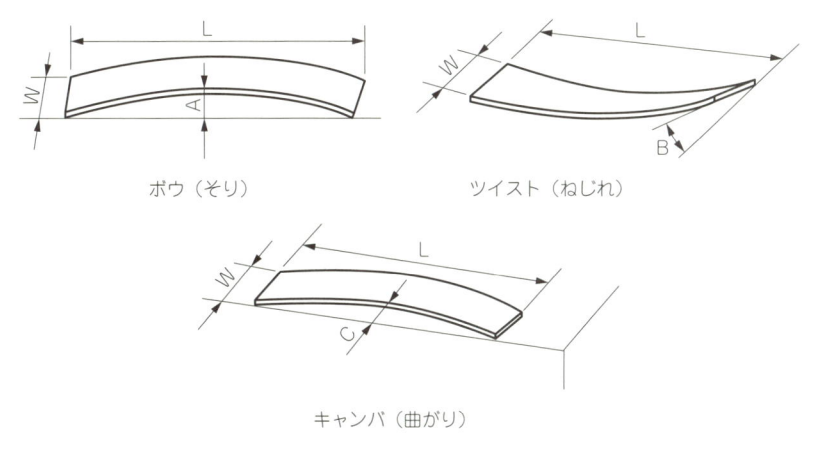

図3－26　せん断板材の形状不良

（2）丸刃せん断機

ロータリーシャー

　上下2個の円形の刃が常にかみ合いながら回転し，その刃の間で板金材を直線又は円形，曲線状に切断するもので，図3－27に例を示す。

　ロータリーシャーには，図3－28に示すように円形刃取付け軸が互いに水平で平行なものと，傾斜しているものとがある。

　両軸が水平で平行なものは，主として直線切断に用いられ，曲線は大きな半径のものしか切断できない。軸が傾斜しているものは，傾斜角が大きいものほど，同じ刃を用いた場合，小さい半径の曲線切断ができる。軟鋼板1.6mm厚の場合，刃直径50～60mmのものが使われる。

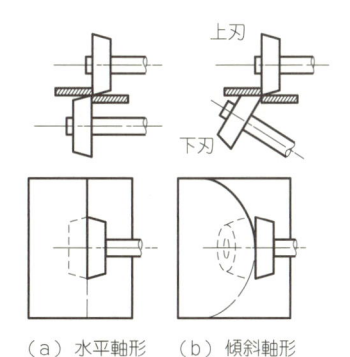

　ロータリーシャーに円形切断用の中心押さえ装置を取り付けたものを，一般にサーキュラシャーという（図3－29）。

　ロータリーシャーやサーキュラシャーには，動力によるもののほか，人力によるものもある。

図3－27　ロータリーシャー

（a）水平軸形　（b）傾斜軸形

図3－28　ロータリーシャーの軸

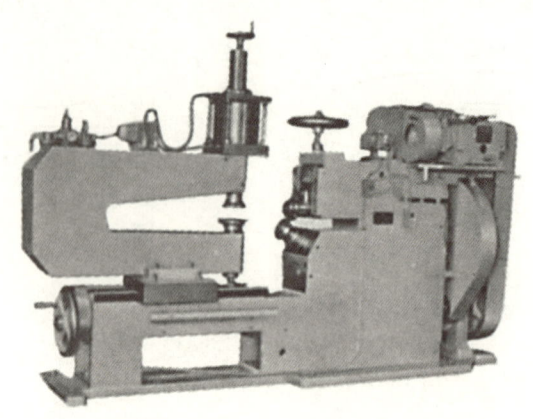

図3－29　サーキュラシャー

(3) その他のせん断・切断機

a．ニブリングマシン

図3－30に示すもので，上下2個の小さな刃のうち，下刃を固定し，上刃を小さく高速で上下運動させて，板金材を直線，曲線又は円形状に切断するせん断機である。せん断切り口は，他のせん断機によるせん断切り口より平滑でない。

刃の上下振動幅は約2～3mm，振動数は毎分2800～3000回，上下の刃のクリアランスはせん断板厚の$\frac{1}{20}$くらいに調節し，上刃と下刃の食込み量は，刃の先端で板厚の約$\frac{1}{2}$とする。ニブリングマシンは，せん断のほか，刃部の交換により，段付け，ひも出し，ルーバ加工，打出しなどの成形加工も行える。

b．砥石切断機

アランダム（A）又はカーボランダム（C）などの砥粒を，合成樹脂（レジノイド（B））又はゴム系（ラバー（R））などの弾性結合剤で固めた厚さ2～3mmの円板状切断砥石を，毎分1600～2000回転させ，形鋼材や管（パイプ）などの研削切断を行う（図3－31）。

切断砥石は薄く割れやすいので，被切断材は切断中に動かないよう，しっかり固定しておく。

図3－30　ニブリングマシン　　　　図3－31　砥石切断機

c．コンタマシン

図3-32に示すもので，上下二つのホイールに**ループ状の帯のこ**を取り付け，これを回転させて金属を切断する。比較的厚い金属板や金型材を，直線又は曲線状に切断するのに使用され，板の内部にあけたきり穴に切断したのこ刃を通し，機械に付属している溶接機でのこ刃の両切り口を接合することにより，板の内部の切抜き加工もできる。

切断すべき材料の材質や板厚によって，適正な刃数ののこ刃と速度を選ぶ。

図3-32 コンタマシン

d．コーナシャー

箱状の製品を作るときなどに，板金材の**切欠き**を行う機械である。切欠き角度は，直角がほとんどであるが，図3-33（a）に示すような箱形の製品の場合，切欠き角度が30～140°まで調整可能なコーナシャー（図3-34）を使用すると図3-33（b）のように1台のコーナシャーで切欠き角度が調整できる。

図3-34に示すようにテーブル上に定規があり，手前の二つのハンドル操作で30～140°までの切欠き角度を自由に設定できる。また，切欠き角度の設定には，圧縮空気や電動機による自動式のものもある。

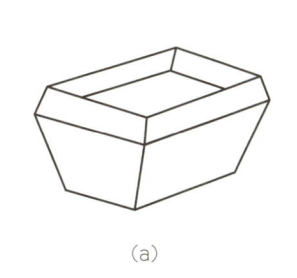

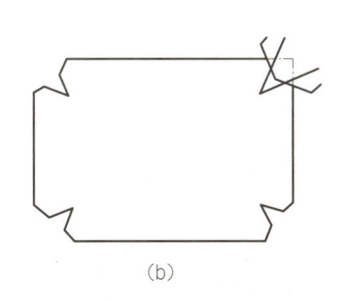

(a) (b)

図3-33 角すみの切欠き

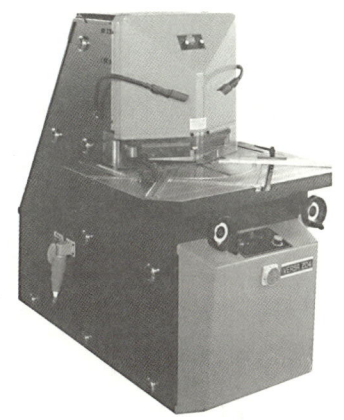

図3-34 コーナシャー

e．ユニバーサルカッター

モータでフライホイールを回転させ，その回転エネルギーを利用することにより，1台の機械でさまざまな切断が可能である。平鋼の切断，丸穴あけ，角パイプの切断，L形鋼材・丸パイプの切断やノッチングなどができる（図3-35）。

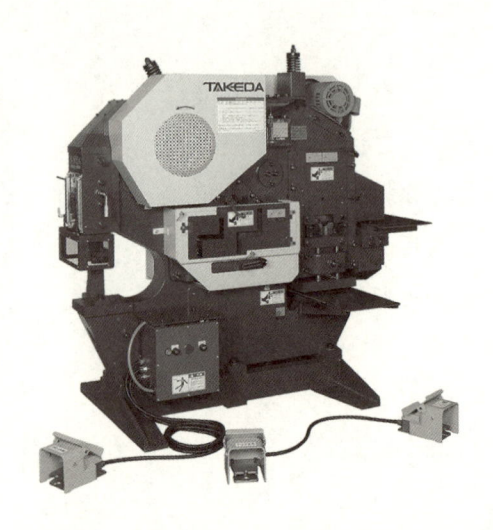

図3-35　ユニバーサルカッター

　f．プラズマ切断機

　電極と板金材の間でプラズマアークを発生させ，そのエネルギーを熱源として板金材を局部的に溶融し，さらに，この溶融された部分をプラズマジェットで吹き飛ばすことにより切断する。プラズマガスに圧縮空気を使用するエアープラズマが主に用いられる（図3－36）。

　トーチのスイッチボタンを押すと切断が開始され，直線や曲線の切断が素早く自由にできるが，切断面が**窒化**し，きれいさも他の機械で切断したものより劣る。

図3-36　エアープラズマ切断機

　g．タレットパンチプレス

　板金材にさまざまな形状，寸法の穴をあけたり，板金部品の外形を切り取ったり（板取り）する機械で，数値制御（NC）により自動加工され，精密板金加工に多く用いられている（図3-37）。

　このプレスは，円や角などの各種形状，寸法の**打抜き用パンチ，ダイ**を，あらかじめ，図3－38に示すような**タレット**（回

図3-37　NCタレットパンチプレス

転盤）などに取り付けておき，その中の一つを加工位置に合わせ，板金材をテーブル上で前後・左右方向に移動させながら加工する。

　図3－39に加工例を示すが，打抜きのほか，段付けやルーバ加工もできる。タレットパンチプレスの加工精度は±0.1mm程度，材料送り速度は毎分100mくらい，プレスストローク数は毎分500回（25mmピッチ5mmストローク）程度のものが多い。タレットパンチプレスは，プレス打抜き加工に比べ，加工速度は遅いが，製品ごとに専用の金型をつくる必要がなく，多品種中少量生産に適している。

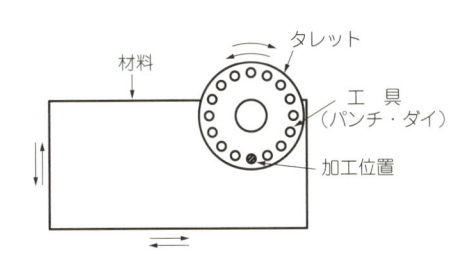

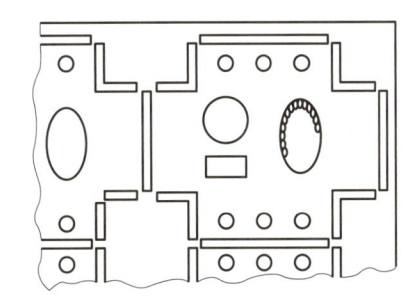

図3－38　タレットパンチプレス　　　　図3－39　タレットパンチプレスの加工例

h．レーザ加工機

　タレットパンチプレスのパンチとダイによる打抜きの代わりに，**レーザ光線**を用いた数値制御切断機である（図3－40）。タレットパンチプレスに比べ，曲線の切断が速く，きれいにでき，騒音や振動が少ないが，小さい円や四角形状の穴あけ加工はタレットパンチに比べて時間がかかる。このため，両方の利点を併せ持った複合機も多く用いられている。

　また，ガス切断に比べ，熱影響が少なく，切り口がきれいで，軟鋼板のほかステンレス，非鉄金属板，一部の非金属板の切断もできる。さらにレーザの出力を変えることにより**マーキング**もでき，溶接，三次元による切断など利用範囲が広がっている。

　レーザ加工機もタレットパンチプレス同様，多品種中少量生産に適している。

図3－40　レーザ加工機

2.3 切断の要点

機械による切断は，切り口がきれいであり，高能率，高精度の加工ができるが，手作業に比べて災害を伴うことが多いので，十分注意して行わなければならない。

切断作業は，次のような点に留意して行う。

① 切断は，板取りけがきとともに最終製品の精度を左右するものであり，手作業，機械作業を問わず，正確に切断することが大切である。

　機械切断でバックゲージなどを使用する場合は，ゲージの精度を確認し，正確に調整して使用する。

② 切断によるひずみは，切り落とす側（不要部分）以外につくらないようにする。

③ 必要以上に切り込まない。切欠き部や切込み部に不必要な切込みがあると，振動や次の加工によってその部分から割れを生じたりするので，図3－41に示すように，切欠き角部や切込み末端に，パンチかドリルで割止め穴をあけておくとよい。

④ 機械の能力以上の厚い板の切断など，無理な切断はしない。

⑤ スケヤシャーなど直刃せん断機では，平鋼のような幅の狭い板を切れ刃の特定の箇所だけで切断せず，切れ刃全体を平均して使用するようにする。

⑥ 機械により切断する場合は，滑動各部に注油し，機械を空転させ，各部が正しく正確に作動するかを確かめてから作業にかかる。

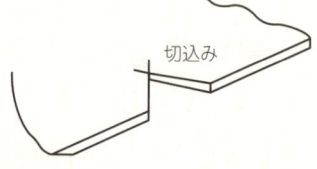

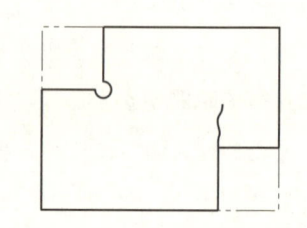

図3－41　切込みの注意

第3節　曲げ加工

板金製品は，自動車車体，鉄道車両の外装，航空機機体，機械部品，電気部品，事務・家庭用品など，その種類は非常に多い。これらの製品の大部分は，曲げ加工を伴っている。曲げ加工は，板金加工の基本であり，きわめて重要な作業である。

曲げ加工には，手工具を使用して行う手作業と，曲げ加工用機械を用いる機械作業とがあるが，**割れ**，**反り**，**スプリングバック**など種々の形状不良が発生し，高い精度を要する曲げ加工は難しいものの一つである。

3.1 曲げ加工の分類

曲げ加工には，**常温加工**と**熱間加工**とがあるが，板金材の曲げ加工は，一般に常温加工である。

曲げ加工法を大別すると，図3－42に示すように，三つに分けることができる。これらの曲げ加工様式は，製品の形状，精度，生産量によって選択される。

型曲げ（突き曲げ）とは，上型と下型の間で材料を加圧して曲げるもので，プレスブレーキやプレス曲げは，ほとんどがこの様式による。

折りたたみ曲げとは，板金材の片側を固定しておき，もう一方の側を折りたたむような状態にして曲げるもので，万能折曲げ機はこの様式である。

送り曲げとは，ロールの間に板金材を送りながら曲げるもので，3本ロールによる曲げはこの様式である。

（a）型曲げ（突き曲げ）　　（b）折りたたみ曲げ

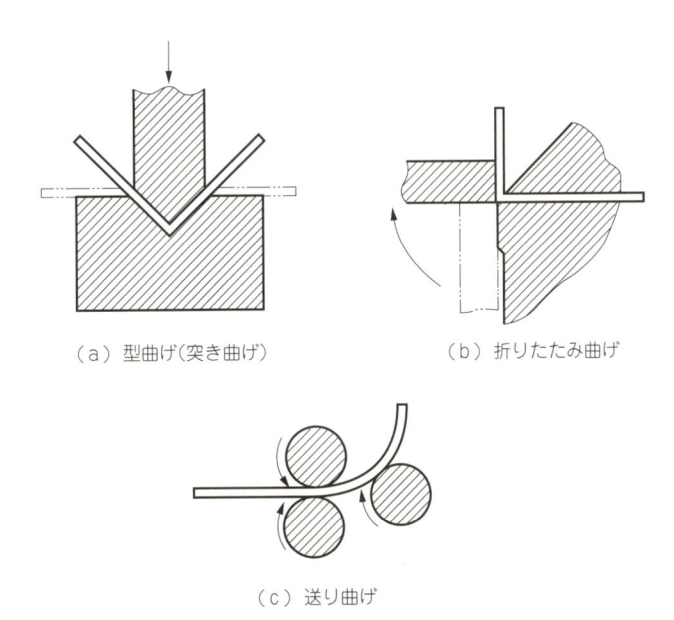

（c）送り曲げ

図3－42　曲げ加工の様式

3.2 手工具による曲げ加工

(1) 曲げ加工用手工具

a．木ハンマ

堅いかしの木で作られ，形状には図3－43に示すもののほか，角形のものもある。大きさは，**打撃面**の大きさ（mm）で表す。

(a) 両　丸　　　（b）からかみ　　　（c）い　も

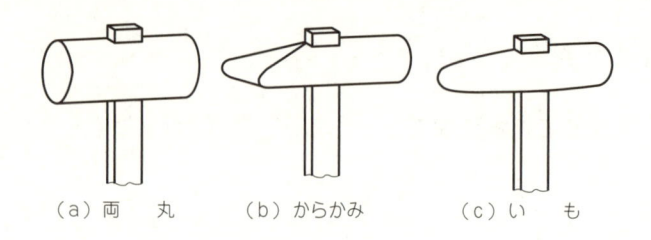

図3－43　木ハンマ

b．板金ハンマ

　曲げ加工だけでなく，板金作業全般に使用されるもので，さまざまな形状，大きさのものがあるが，図3－44に示すものは一般に広く使用されているものである。

　大きさは木ハンマと同様に，打撃面の大きさ（mm）で表す。

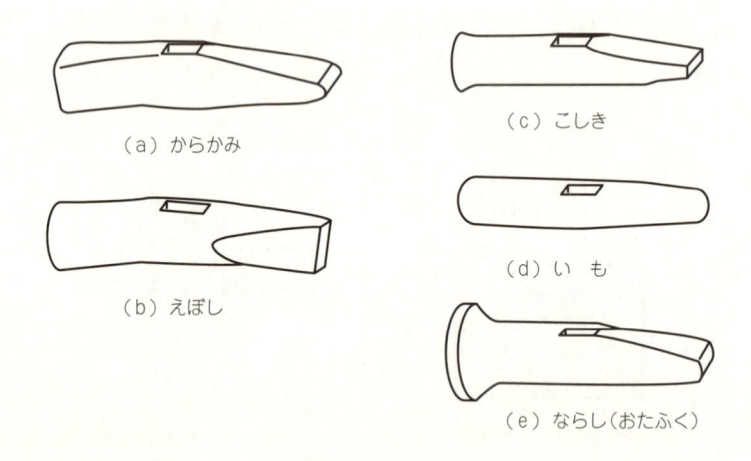

（a）からかみ　　　　　　　　（c）こしき

（b）えぼし　　　　　　　　　（d）い　も

（e）ならし（おたふく）

図3－44　板金ハンマ

c．折り台

　長さ1000～2000mmで，長方形断面を持った図3－45（a）に示す形状のもので，普通，木の台に取り付け，亜鉛鉄板などの薄板の直線曲げに用いる。折曲げに用いる部分は，折曲げ，縁曲げ，針金巻込みなどの作業がしやすいように，直角よりやや鋭くなっている。

（a）折り台（木台付き）　　　　　　　断面

（b）拍子木　　（c）かたな刃　　（d）かげたがね

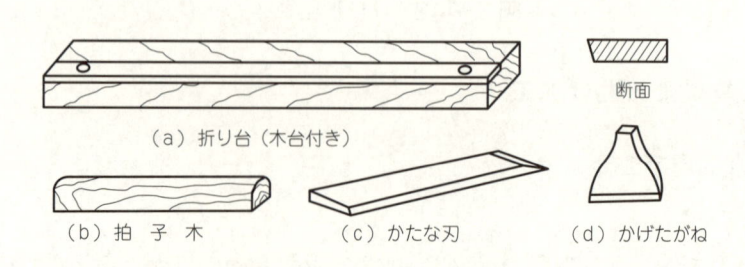

図3－45　折曲げ工具①

d．拍子木

かしの木で作られた長さ300～400mmの図（b）に示す形状のもので，ならし木ともいわれる。折り台と併用して薄板の折曲げに使用するほか，ならしにも使われる。

e．かたな刃

厚さ2.4～3mm，幅60～70mm，長さ360～450mmくらいで，図3－45（c）に示すように，片側に勾配の付いている鋼板製の工具で，亜鉛鉄板などの薄板の折り返し，縁巻きのとき当て金として用いる。

f．かげたがね

図（d）に示す形状のもので，はぜ組み作業，箱曲げ作業及び折曲げのとき，曲げ溝を付けたり，曲がりの修正に用いる。

g．溝たがね

図3－46（a）に示すようなもので，はぜ組み作業のとき，はぜ締めに使用する。

h．はぜおこし

図（b）に示すようなもので，板金材のはぜ組みのとき，縁曲げ不良部を起こして修正するのに用いる。

i．はぜころし

図（c）に示すようなもので，銅板の化粧張りのはぜ締めのとき，表面に傷を付けないようにするのに用いる。

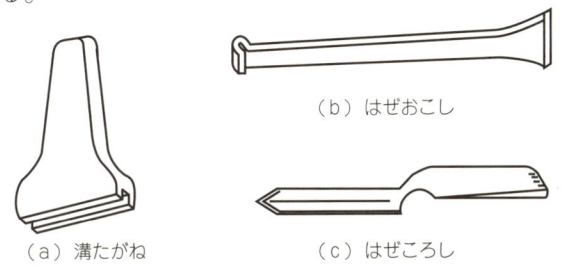

図3－46　折曲げ工具②

j．ならし金敷

板金材の縁曲げや絞り加工に使用するもので，図3－47に示すように，各種形状のものがある。

平丸ならしは，円板の縁折りやならしに，角ならしは，角筒容器の縁折りやならしに，駒のつめならしは，平丸ならしと角ならしを併せたもので，両方の用途を兼ねている。

いちょうばならしは，平丸ならしと同様に円形板の縁折りに，ぼうずならしは，板金材を半月球状に絞り込んだり，打出しなどで成形した曲面のならしに使用する。

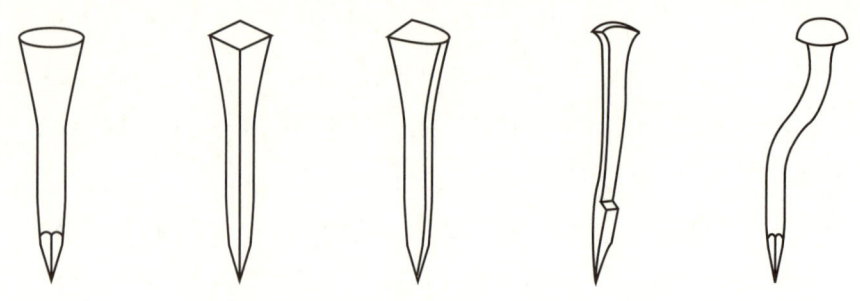

(a) 平丸ならし　(b) 角ならし　(c) 駒のつめならし　(d) いちょうばならし　(e) ぼうずならし

図3-47　ならし金敷

k．からす口

図3-48に示す形状のもので，しゅもくは細長い角筒曲げや円すい曲げに，への字とうの首は，普通のならし金敷では作業しにくい絞り品の口つぼめ作業などに用いる。

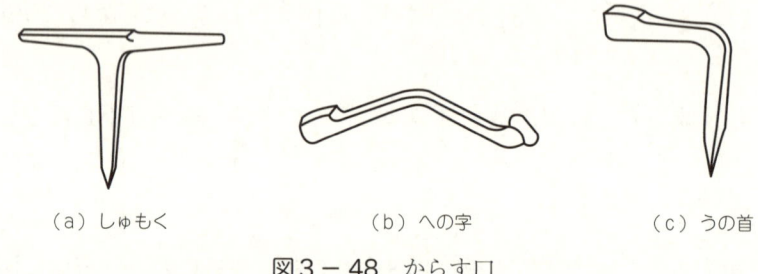

(a) しゅもく　(b) への字　(c) うの首

図3-48　からす口

l．つかみはし

図3-49に示すもので，はぜ組みや針金巻きなどに使用する。

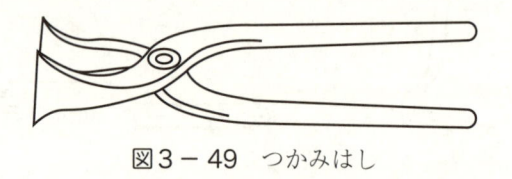

図3-49　つかみはし

(2) 直線曲げ

a．万力を用いる曲げ

万力に板金材をくわえ，ハンマでたたき曲げる加工法で，比較的厚い板を小さな曲げ半径で直角に曲げることができる。曲げ線が万力の口金よりも長いときには山形鋼などの当て金を用いる。

b．かげたがねを用いる曲げ

板金材を箱形に曲げるときなどに用いられる方法で，図3-50に示すように，はじめにゴム板や木の板の上でかげたがねを用いて折り溝を付けておき，次に背に当て金を当て

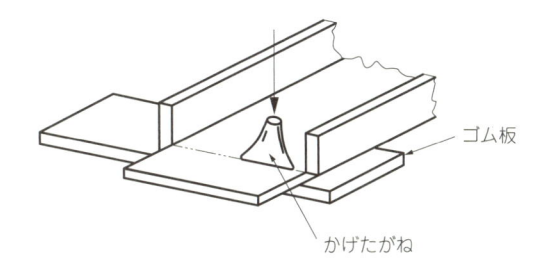

図3－50　箱曲げ

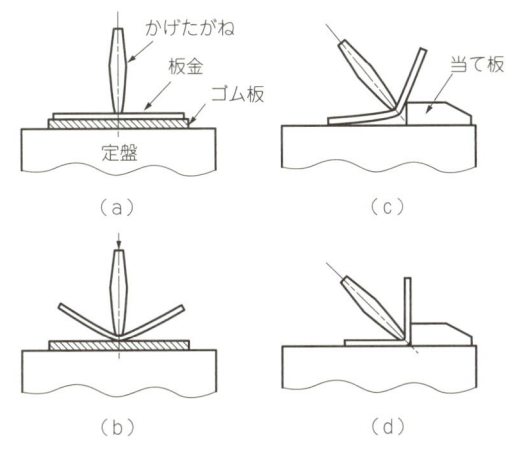

図3－51　かげたがねによる折曲げ

て必要な角度になるまでかげたがねでたたき，曲げていく（図3－51）。

　c．折り台と拍子木による曲げ

　亜鉛鉄板など薄板の縁曲げやはぜ組みのときに用いられる（図3－52）。

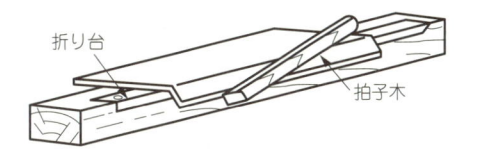

図3－52　折り台と拍子木による折曲げ

（3）円筒（湾曲）曲げ

　芯金（ため棒）にパイプ又は丸棒を使用して板金材を円筒状にまるめる作業で，芯金に用いるパイプ又は丸棒の太さは，円筒仕上がり寸法の70～80％くらいのものがよい。円筒に湾曲させるときは，必要寸法を計算し，けがき切断し，図3－53に示すように両端部を先に曲げ（**はな曲げ**）てから，中央部を曲げる。

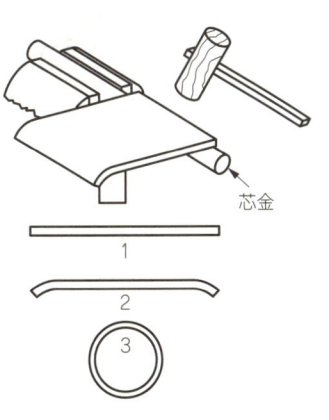

図3－53　円筒曲げ

（4）縁巻き

板金材の縁部を丸める加工で，製品の縁部を強くする目的のほか，飾りや安全のために，薄板金製品にはよく行われる。縁巻きは，図3－54に示すような方法で行われる。

成形後，芯金に用いた針金を抜いてしまうのを空巻き（カーリング）といい，針金を巻き込んでしまうのを**ワイヤリング**という。

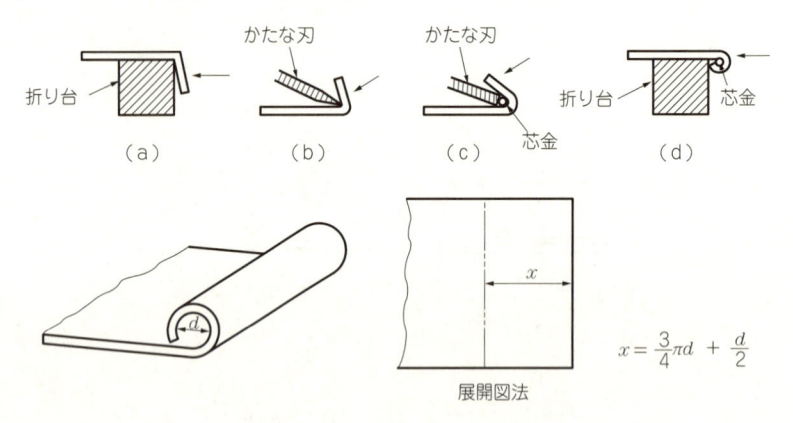

$$x = \frac{3}{4}\pi d + \frac{d}{2}$$

図3－54　手加工による縁巻き

直線状の縁巻きをするときは，図3－55（a）のように，縁巻きの外径は板厚の4倍以上，図（b）のように円筒容器に縁巻きするときは，その部分は激しい伸び・縮み加工を受けるので，縁巻き円筒容器の直径は板厚の30倍以上が必要で，縁巻き外径は板厚の5～10倍が適当とされている。

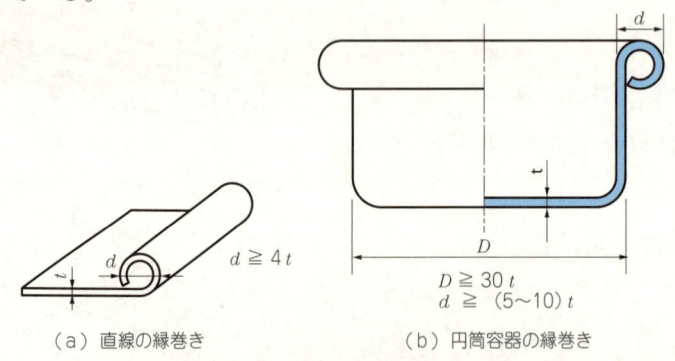

$d \geqq 4t$

$D \geqq 30t$
$d \geqq (5～10)t$

（a）直線の縁巻き　　　（b）円筒容器の縁巻き

図3－55　縁巻きの大きさ

円筒の縁巻きをするときは，図3－56に示すように，平板の段階で縁巻きを行い，その後で板を円筒形に曲げ，針金は反対側の板に差し込む。

（5）曲線の縁曲げ

図3－57（a）に示すように，曲げ線が直線の場合の曲げは，単純曲げ加工であるが，図（b）の場合は，フランジ（つば）部を伸ばす必要があり，このような加工を**伸びフランジ加工**という。

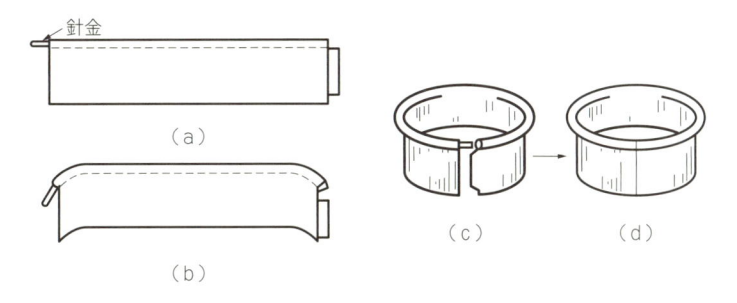

図3－56 円筒縁巻き

また，図（c）では，フランジ部を縮めることが必要で，このような加工を**縮みフランジ加工**というが，これは一種の絞り加工である。

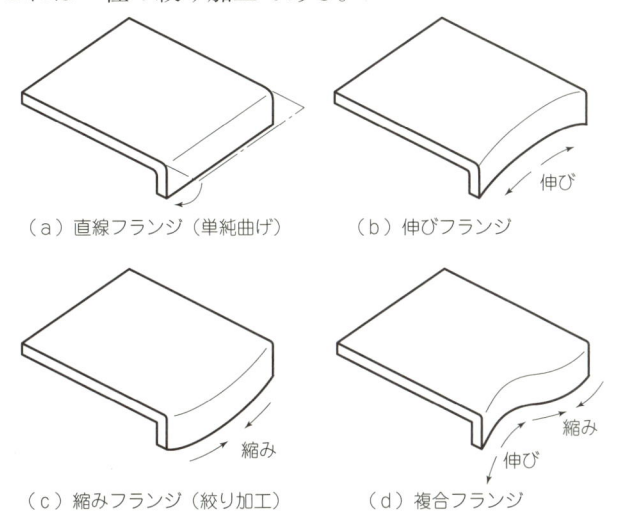

図3－57 フランジ加工

a．伸びフランジ加工による曲げ

図3－58（a）に示すように，板金材に穴をあけておき，図（b）のように穴の縁を加工するのを**バーリング加工**といい，補強などの目的でよく行われる。バーリング内径に**タップ加工**をして，小径のめねじとして使用されることもある。

図3－59に示すような円筒の**つば出し**も伸びフランジ加工で，図（c）のように，駒のつめや定盤の端などで円筒を回しながら，ハンマで縁をたたき延ばし曲げていく。この場合，ハンマを少し傾けてフランジ（つば）の縁ほど多く伸ばすようにし，円筒をだんだん立てながら90°にな

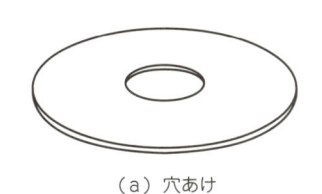

図3－58 バーリング加工

図3-59 つば出し

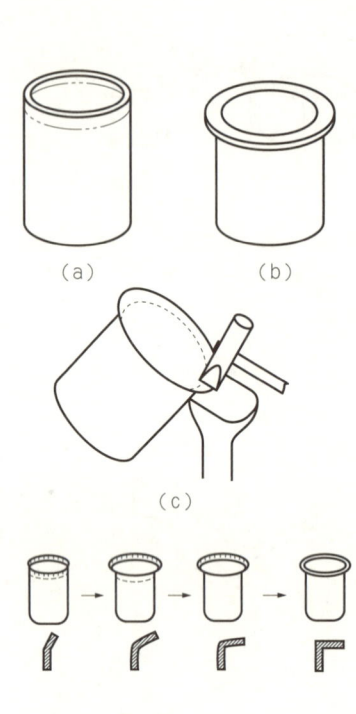

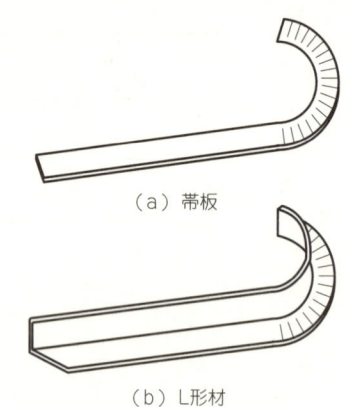

図3-60 かり出しによる曲げ加工
（a）帯板
（b）L形材

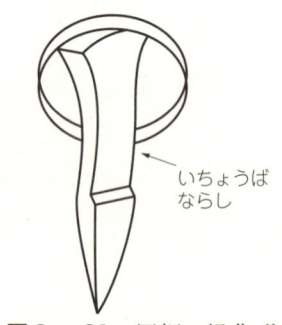

図3-61 円板の縁曲げ
いちょうばならし

るまで，数回繰り返す。このような方法を**かり出し**という。

かり出しは，図3-60に示すような帯板やL形材の曲げ加工にも行われる。

b．縮みフランジ加工による曲げ

円板の縁を曲げるときは，図3-61に示すように，いちょうばならし又は平丸ならしを用いて加工する。この場合，縁曲げ部は縮めるのであるから，伸ばさないように**ハンマリング**に注意する。

図3-62のように，L形材をつばを内側にして曲げる場合は，しぼり棒でしわを多数つくり，これをハンマで縮めるようにたたきつぶし，全体を内側に湾曲させるが，このような加工をしわ寄せ法という。

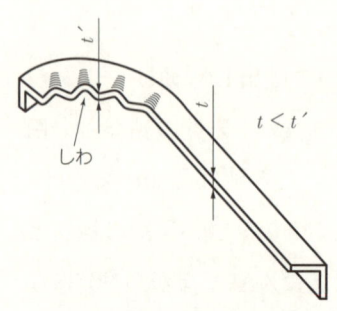

図3-62 しわ寄せ法
しわ　$t < t'$

3.3 機械による曲げ加工

(1) プレスブレーキによる曲げ

プレスブレーキは横幅が広く，曲げ線が長い板金材の曲げ加工に適するようにつくられた曲げ専用プレス機械で，図3－63に示す**機械式**と，図3－64に示す**油圧式**がある。

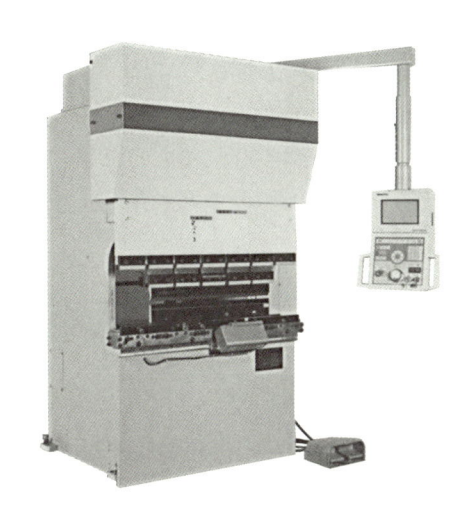

図3－63　機械式プレスブレーキ　　　図3－64　油圧式プレスブレーキ

プレスブレーキの能力は，**最大加圧能力**をキロニュートン（kN）で表すか，90°標準V型で曲げ得る軟鋼板の最大板厚（mm）×長さ（mm）で表される。

図3－65は，プレスブレーキ用曲げ型の例を示したもので，基本形としての90°V曲げ型を使って，図（b），（c），（d）のように複雑な形状の曲げ加工も，工程数を多くして行うことができるが，この場合は曲げの順序を誤らないようにすることが必要である。

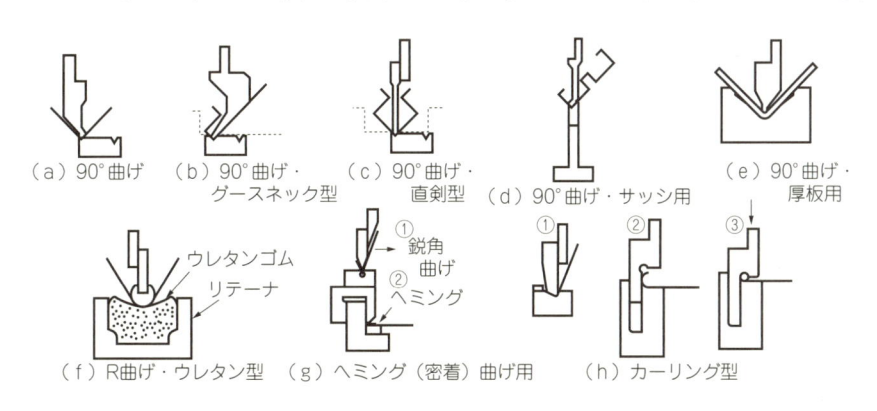

(a) 90°曲げ　(b) 90°曲げ・グースネック型　(c) 90°曲げ・直剣型　(d) 90°曲げ・サッシ用　(e) 90°曲げ・厚板用

(f) R曲げ・ウレタン型　(g) ヘミング（密着）曲げ用　(h) カーリング型

図3－65　プレスブレーキ曲げ型の例

図3－66は，4工程曲げの例を示したもので，図のような箱形状の曲げでは，板金材の**曲げ線**長さに等しい寸法のパンチやダイが必要である。このような場合は，**分割型**を使用することが多いが，型と型のすきまCは，加工板厚の4倍以下にする。

　プレスブレーキによる曲げでは，けがき合せのため，上型を下型面上に置いた板金材上面でいったん停止（けがき合せ）させることがある。

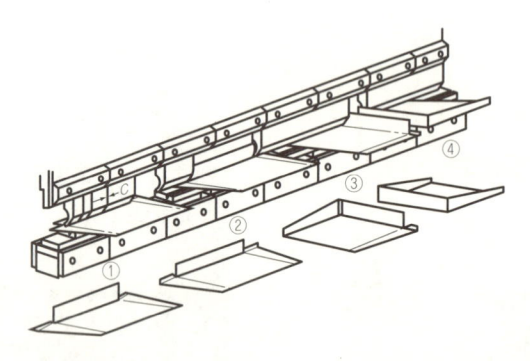

図3－66　プレスブレーキ曲げ加工例

　油圧式やサーボ式のものは，スライドをストローク途中のどの位置においても容易に止めることができる。また，機械式（クランク式）のものもクラッチに摩擦式が使用されており，非常停止や寸動運動ができ，油圧式と同様，けがき合せが容易に行える。

　けがき合せによる曲げでは，けがき線とパンチ先端を正確に合わせることが困難で，精密板金加工では，電動バックゲージを使用する。

　プレスブレーキによる曲げは，上型と下型との間で板金材を加圧して行うが，その加減によって製品の曲げ角度が変化する。機械式（クランク式）のものは，スライド調節により**下死点位置**を下げすぎると，**過負荷**となり機械や型を破損する。

　油圧式のものは，加圧する力を加減して曲げ角度の調整を行うが，サーボ式と同様，スライド調節を正確に行うことができる。

　油圧式では機械が破損するような過負荷は生じないが，金型の耐圧強度を超える加圧力をかけると，金型が変形，破損する。

　90°曲げ型で板金材の曲げを行う場合，加圧力と曲げ角度の関係は，図3－67に示すようになる。パンチ先端の丸み半径が大きい場合は，図の破線のように加圧力を大きくしても，**スプリングバック**（はねかえり）のために，曲げ角度が90°よりも大きくなる。このような場合は，角度が90°よりも小さい鋭角のパンチやダイを使って，少し曲げすぎの状態にするとよい。

　パンチ先端の丸み半径が小さい場合は，図3－67の実線のように加圧力を増していく

と，90°になる点（図のA点）が現れるが，さらに加圧力を増すと鋭角になる。このA点を利用する曲げ加工を，**エアベンディング**（自由曲げ）という。エアベンディングは加工力は小さくてすむが，曲げ角度のばらつきが大きく，また図（a）のように，曲げ半径が大きくて寸法精度が出しにくい。

さらに加圧力を増すと，図3－67のB点で再び90°になる。この点を利用する曲げを**ボトミング曲げ**（底突き曲げ）という。ボトミング曲げはエアベンディングよりも大きな加工力を必要とするが，曲げ角度のばらつきが小さく，また曲げ半径も図（b）のように小さくなるので，寸法精度が出しやすい。

（a）エアベンディング　（b）ボトミング曲げ　（c）コイニング曲げ

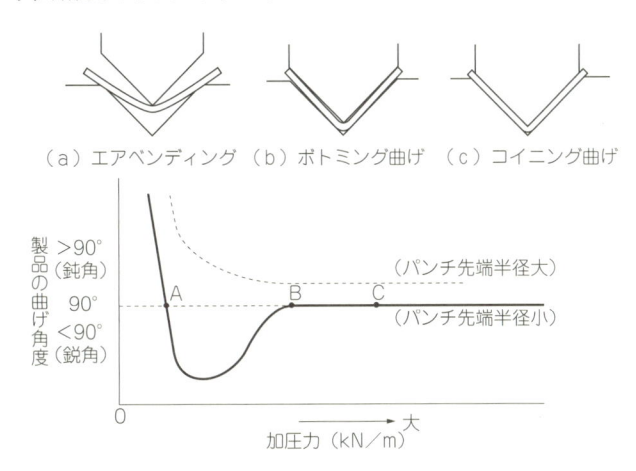

図3－67　加圧力と曲げ角度の関係

さらに加圧力を増すと，図3－67（c）のように，板金材はパンチとダイの間で板厚方向に圧縮される。このような曲げ加工を**コイニング曲げ**（圧印曲げ）という。コイニング曲げはきわめて大きな加工力を必要とするが，スプリングバックをほとんど消滅させてしまうので，曲げ角度が正確でばらつきが小さく，また曲げ半径がパンチ形状とほぼ同じになり，寸法精度が出しやすいので，高精度の曲げ加工に用いられる。しかし，加圧力が大きすぎると，パンチとダイの間で板金材が圧縮され，図3－68（a）のように薄くなる。

また，ダイ溝幅に比べてパンチ幅が広いと，図（b）のように外開きに，パンチ幅が狭いと図（c）のように内閉じとなる。

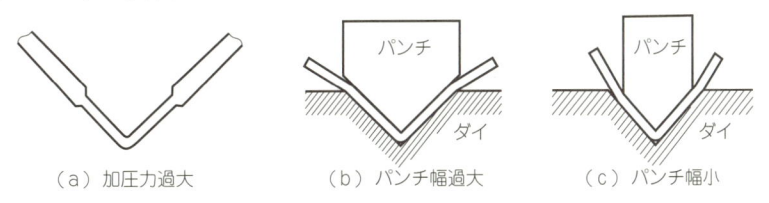

（a）加圧力過大　（b）パンチ幅過大　（c）パンチ幅小

図3－68　コイニング曲げにおける不良

90°曲げ型ダイの溝幅は，大きいほうがエアベンディングにおける加工力は小さくなるが，曲げ加工品の曲げ半径が大きくなって，製品の精度が悪くなる。溝幅が小さいと，曲げ加工力が大きくなり，製品に傷が付きやすいほか，エアベンディングではかえって**曲げ精度**が出にくくなる傾向がある。このため，ダイの溝幅はエアベンディングでは板厚の8～10倍，ボトミング曲げでは板厚の5～6倍にする。また，コイニング曲げでは面圧がよくかかるように，ボトミング曲げより小さく，板厚の4～5倍程度にする。

なお，加圧力を加減して曲げ角度を調節する場合は，曲げ線の長さが変わるたびに，最適加圧力が変化するので，一般には1m当たりのkN数で最適条件を決めておき，長さに比例して加圧力を加減する。

エアベンディングは加工力が小さいので，加圧力で曲げ角度を調節するよりも，スライドの下死点位置で調節するほうがやりやすい。

一般に，プレスブレーキを使用して曲げ加工を行うときは，次のことに注意する。

① 正規の型を使用し，常に精度を保つようにする。
② 上型（パンチ），下型（ダイ）が平行であるようにする。
③ 上型，下型の**曲げ中心線**を一致させる。
④ 加工はできるだけ機械の中心で行い，**偏心荷重**にならないようにする。
⑤ 型の間にごみや異物が入らないようにする。

（2）万能折曲げ機（フォルディングマシン）による曲げ

万能折曲げ機はフォルディングマシンともいわれ，図3－69（a），（b）のように板金材を下盤（台）の上にのせ，曲げ線を角に合わせて上盤を下降させ，下盤との間に材料を締め付け，回転盤を回転させて，折りたたむようにして曲げ加工を行う。

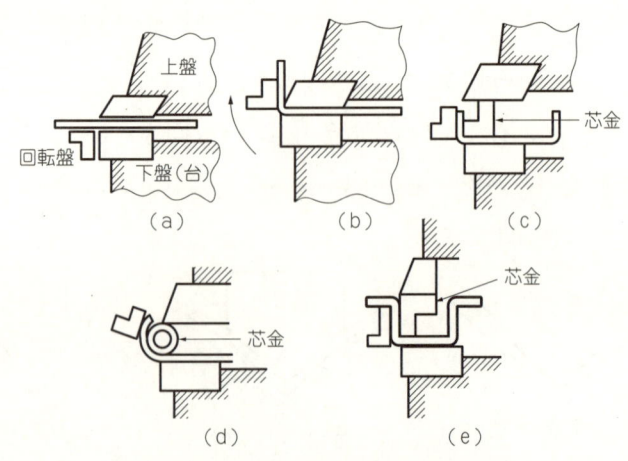

図3－69 万能折曲げ機による折曲げ

上盤に芯金を用いると，図（c），（d），（e）のように，各種形状の折曲げができる。

　図3-70は，手動式の万能折曲げ機で，これは操作が簡単で，安全性が高く，折り曲げた製品に傷が付きにくく，芯金の利用によって各種形状の折曲げができるうえ，芯金の製作はプレスブレーキ型より簡単である。しかし，プレスブレーキによる曲げに比べると，作業能率が悪く，曲げ精度が劣る。

　これに対し，図3-71は，**複動式フォルディングマシン（動力式）**で，図3-72のような製品の曲げ加工を高能率，高精度に自動加工することができる。

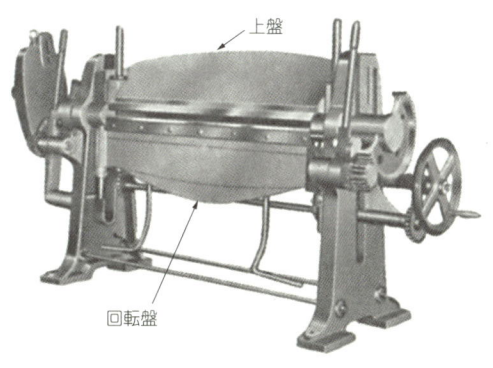

図3-70　万能折曲げ機

図3-71　複動式フォルディングマシン（動力式）

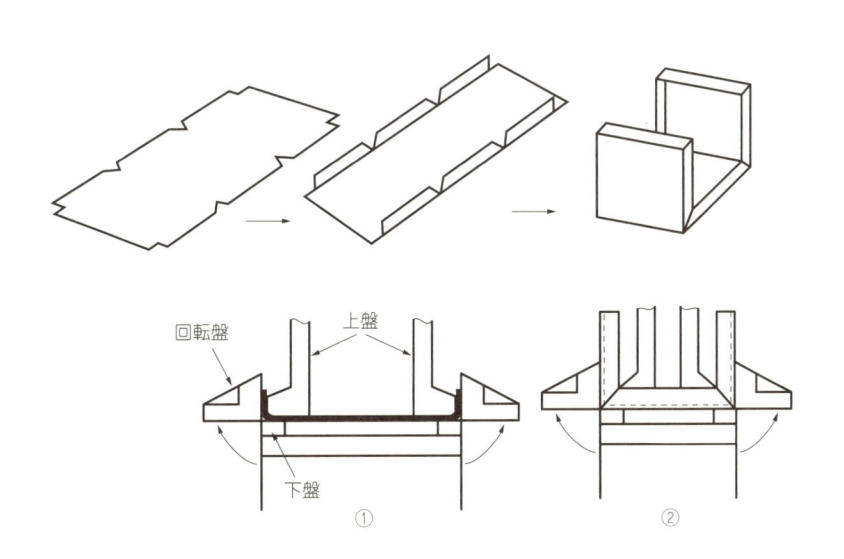

図3-72　複動式フォルディングマシンの加工例

（3）曲げロールによる曲げ

　板金材を円筒状に曲げるのに使用する機械で，図3－73に示すように，ロールを3本持つものを一般に**3本ロール機**といい，手動式のものと動力式のものがある。

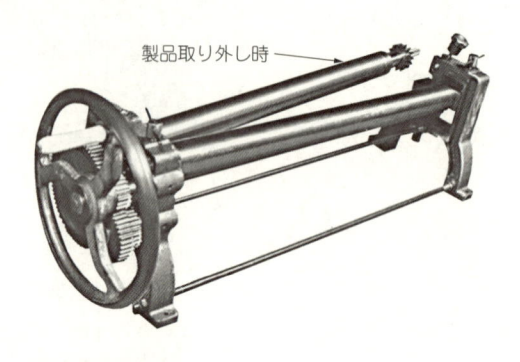

図3－73　3本ロール機（手動式）

　3本ロールの基本的な配置形式には，図3－74に示す**ピンチタイプ**と**ピラミッドタイプ**がある。ピンチタイプは薄板用に多く用いられ，図（a）のA・Bロールで板金材を挟み，Cロールを左右（又は上下）方向に移動させることにより，曲げ半径を調整する。

　ピラミッドタイプは厚板用で，図（b）のCロールを上下に移動させて曲げ半径を調整する。両タイプとも上部のロールが取り外されるようになっており，加工された円筒を抜き出すことができる。

（a）ピンチタイプ　　　（b）ピラミッドタイプ

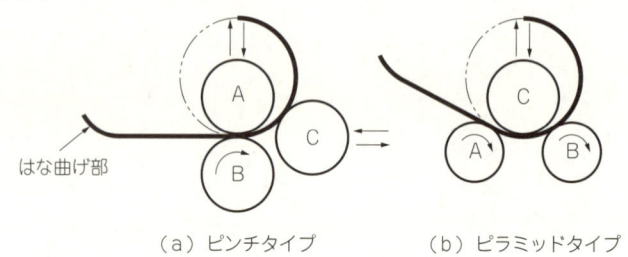

図3－74　3本ロールのロール配置

　3本ロールにより板金材の円筒曲げを行うときには，次のことに注意する。

① 図3－74に示す形式の3本ロールでは，板の両端部付近は曲げることができないので，ロールにかける前に，**はな曲げ**をしておく。

② 板金材をロールに当てるとき，板の端とロールが正しく平行になるようにする。斜めになっていると，加工したとき，板の両端部がくい違い，修正が困難になる。

③ ロールの調整は少しずつ行い，一度に急激に曲げない。急激に行うと，ロールが変形して均一な曲げ加工が行われなくなったり，曲げすぎになったりする。曲げすぎると，ロール機以外の他の方法によらないと修正できない。

図3-75は，片方のロールにウレタンゴムを使った**2本ロール**で，薄板の円筒曲げに使用する。ゴムを使っているので，製品の外側に傷が付きにくい。しかし，曲げ半径を調整するには，さまざまな径の**ガイドロール**が必要となる。

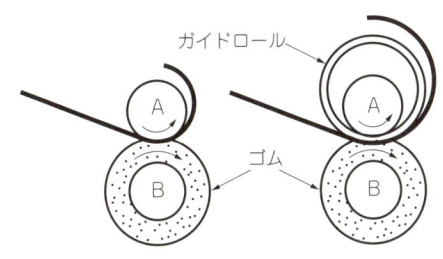

(a) 小径円筒曲げ　　(b) 大径円筒曲げ

図3-75　2本ロール

図3-76は動力式の**4本ロール機**で，図3-77に示すような平行出し，はな曲げ，円筒曲げを自動的に行うことができる。また，ロールを傾けることにより，円すい状に曲げることもできる。

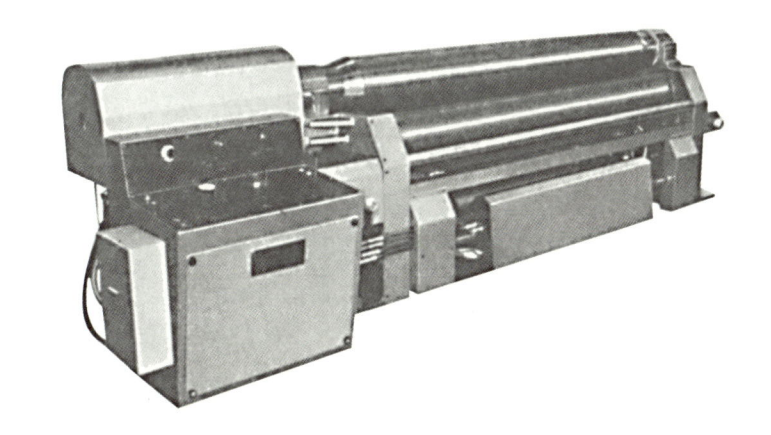

図3-76　4本ロール機（動力式）

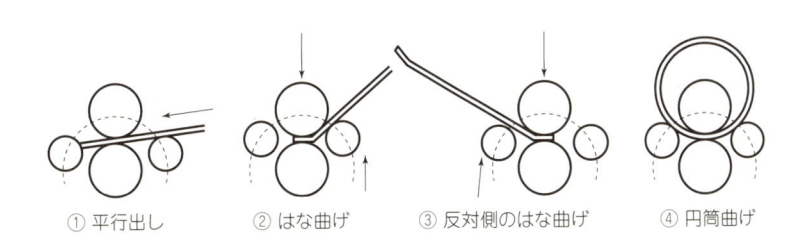

① 平行出し　② はな曲げ　③ 反対側のはな曲げ　④ 円筒曲げ

図3-77　4本ロールによる円筒曲げ

（4）ひも出しロール機によるひも出し

ひも出しロール機は，図3-78に示すもので，ビーディングロールともいわれる。

図3-79に示すような凹凸が一対になっているロール（駒）の間に板金材を入れ，ロールを圧しながら回転させて，板金材に**ビード**（**ひも**）を付ける。

板金材のビードは，製品の強さを高める補強が目的で付けられるが，飾りのために付けることもある。

図3-78　ひも出しロール機　　　図3-79　ひも出しロール

ビードは，深さが幅に比べて大きいほど強いが，あまり深くすると，ひずみ，しわや割れが発生して加工が困難になる。

ひも出しロール機は，ロールの形状を変えることによって，縁曲げ，縁巻き，段付けなどの加工を行うことができる。

（5）パイプベンダー

丸や角のパイプなどを曲げるもので，ハンドタイプのものからNC制御機まである。また，曲げ方式も各種あるが，**引曲げ方式**を図3-80に示す。使用方法は，まずパイプを芯金に深く押し込み，曲げロールとクランプ駒でパイプを挟む（図3-81（a））。起動ボタンを押すと，パイプを挟んだままの曲げロールとクランプ駒が，モータの力で回転することにより曲げ加工を行う（図（b））。曲げロールの回転する角度を調整することにより，自由な角度に曲げることが可能である。

曲げるパイプ径の太さを変更するときは，芯金，曲げロール，クランプ駒，ガイドレールを交換して使用する。

図3-80　パイプベンダー（引曲げ方式）

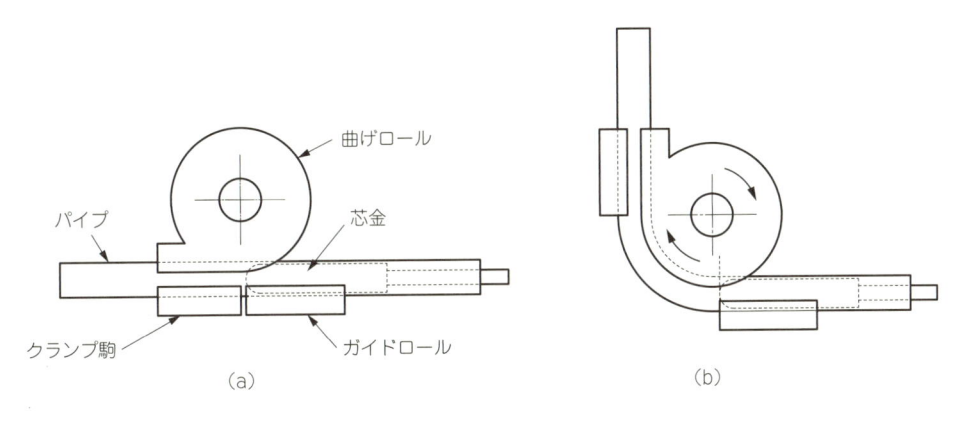

図3-81　パイプベンダーによる曲げ

（6）縁巻き機

　缶詰の缶や洗面器などの縁巻きを高能率に行うには縁巻き機を使用する。図3-82に示すのは縁巻き機の機構及び作業例である。

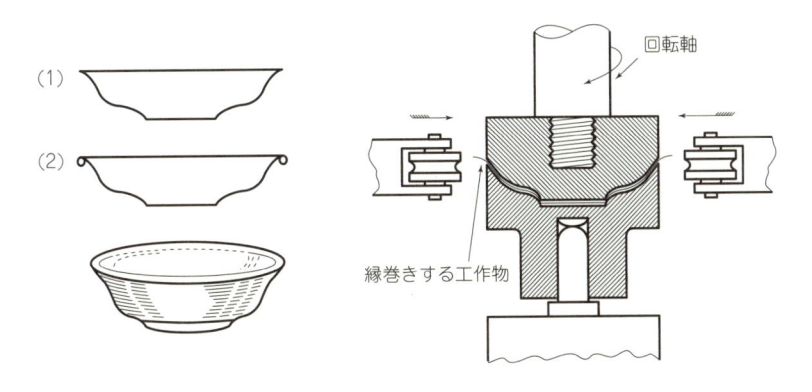

図3-82　縁巻き機の機構及び作業例

3.4 曲げ加工の方法と精度

(1) 最小曲げ半径

板金材を曲げるとき，図3-83 (a) に示すように，外側は引っ張られて伸び，内側は圧縮されて縮み，その中間には，伸びも縮みもせず，長さが曲げられる前と変わらない面がある。この伸び縮みしない面を**中立面**といい，伸びも縮みも，この中立面から遠ざかり，板表面に近づくほど大きくなる。また，この板表面の伸び，縮み量は，板厚が同じであれば曲げ半径が小さいほど，曲げ半径が同じであれば板厚が厚いほど大きくなる。この板表面の伸びが材料の伸び限界を超えると，図 (b) のように割れを生じる。

この割れを発生させないで曲げ得る最小の内側の丸み半径を，**最小曲げ半径**という。

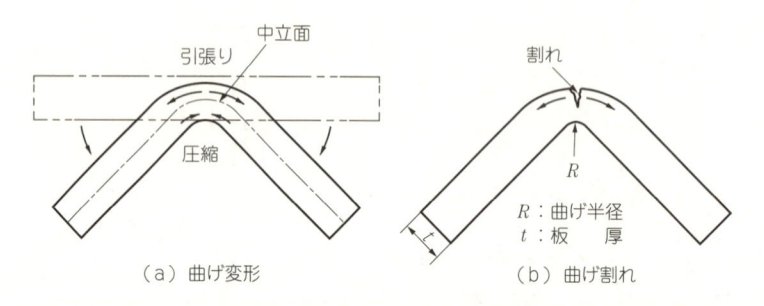

図3-83 曲げ変形と割れ

最小曲げ半径は，曲げられる板の**材質**，**板厚**，**板の圧延方向**，**加工の方法**，**加工温度**などにより異なるが，一般に，表3-2の値が目安となる。軟質で，折曲げ線が板の圧延方向と直角のときは小さい値を，硬質で折曲げ線が圧延方向と平行のときは，大きい値を使用する。

表3-2 最小曲げ半径

(t：板厚)

材　　料	最小曲げ半径
冷間圧延鋼板	$t \times (0 \sim 0.5)$
熱間圧延鋼板　C 0.12～0.22％ 又は引張強さ 360～410 MPa	$t \times (0.1 \sim 1.0)$
ステンレス鋼板 (18 Cr-8 Ni)	$t \times (0.5 \sim 1.8)$
銅　　　板	$t \times (0 \sim 2.0)$
黄　銅　板（七三黄銅）	$t \times (0 \sim 12.0)$
アルミニウム板	$t \times (0 \sim 0.8)$

(2) 板金材の異方性と折曲げ

板金材は，図3-84に示すように，鋼塊をロールで一定方向に圧延してつくられるので，

冷間圧延後，焼なましをした板金材においても，圧延方向と，これに直角方向とでは，伸び，引張強さなどの機械的性質は，一般に異なる。

このように，板の圧延方向によって性質が異なることを**異方性**を持つといい，板金材は一般に，圧延方向の伸びより，それに直角方向の伸びのほうが小さい。

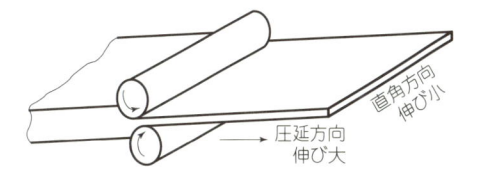

図3－84　圧延方向

板金材の曲げを行うとき，曲げ線が圧延方向と平行であると，割れが生じやすいので，材料の最小曲げ半径に近い曲げ半径で曲げを行う場合は，図3－85に示すように，曲げ線を圧延方向と直角にするか，曲げが2方向あるときは，45°方向になるようにする。

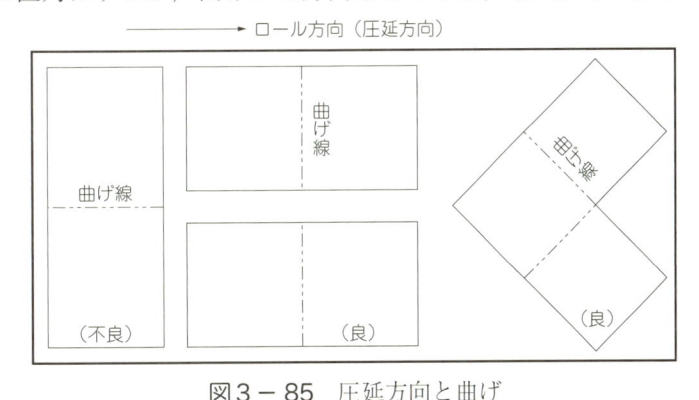

図3－85　圧延方向と曲げ

（3）スプリングバック

曲げ加工を行ったとき，曲げ加工力を除くと，板金材の**弾性変形**分が元に戻って，図3－86に示すように，曲げ角度や曲げ半径が開いて，いくぶん大きくなる。この現象を**スプリングバック**という。

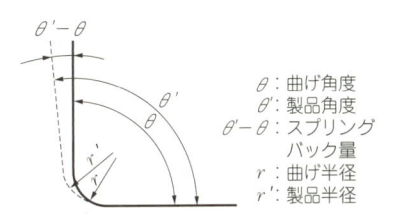

図3－86　スプリングバック

θ：曲げ角度
θ'：製品角度
$\theta'-\theta$：スプリングバック量
r：曲げ半径
r'：製品半径

スプリングバックは，曲げられる板の**材質**，**板厚**，**曲げの方法**，**曲げ半径**，**曲げ加圧力**などによって異なり，あらかじめ計算して正確なスプリングバック量を求めることは難しい。

スプリングバックは，あらゆる塑性加工に生じ，曲げ加工では角度や曲げ半径の変化となって現れるため，製品の精度に直接影響するところが大きい。

プレスブレーキで，V曲げ型を用いて90°曲げを行うときには，V曲げ型の溝幅，パンチ先端の丸み半径の大きさ，パンチの押込み深さ，加圧力なども，スプリングバック量に複雑に影響する。また，板厚に対するパンチ先端の丸み半径が小さい場合などでは，製品角度が除荷前の角度より小さくなる現象が起こる。この現象を**スプリングゴー**（スプリン

グイン，スプリングフォワードなどと呼ぶ場合もある）という。

曲げ加工は，スプリングバックやスプリングゴーにより，正確な曲げ角度を出すことは難しい。実際の作業においては，試し曲げを行い，型合わせ，ストロークや加圧力の調整などを行い，正確な曲げ角度を出すようにしている。

（4）反り

板金材を折り曲げると，曲げ部の外側は，曲げ線と直角方向に伸ばされるので，曲げ線方向に縮もうとし，曲げの内側は，逆に縮められるので，曲げ線方向に伸びようとする。その結果，曲げ製品には，図3－87に示すような曲げ線方向の**反り**を生じる。

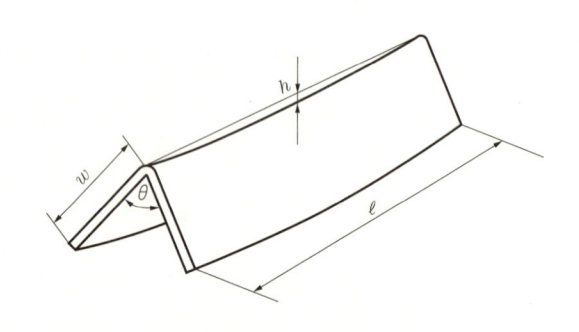

図3－87　反り

反りの発生を防止する方法としては，ダイの両端部の下に適当な厚さの板を敷いておいて，**逆反り**を与える，又は，パンチによる加圧力を大きくして，反りを矯正するなどの方法があるが，加圧力を大きくする方法は，プレス機械や金型の剛性が小さい場合には，かえって曲げ精度が悪くなる。

（5）せん断面の影響

図3－88に示すように，かえりのあるほうを外側にして曲げると，かえりの部分から割れが生じる恐れがあるので，かえりのあるほうを内側にして曲げるか，かえりをやすりやグラインダなどで取り除いてから曲げる。

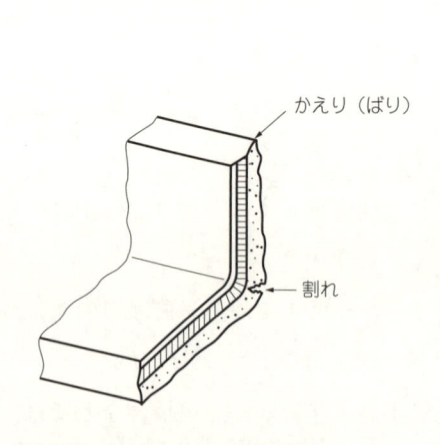

図3－88　せん断面の影響

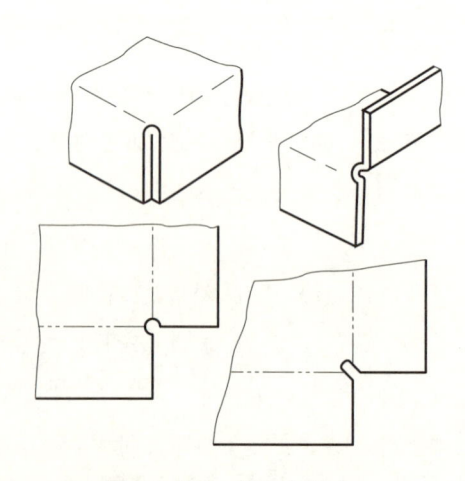

図3－89　割れ止め穴

（6）割れ止め穴

図3－89に示すように，直角に2方向の折曲げを行うと，**切欠き先端部**から割れることがあるので，この先端部に小さな穴をあけてから，切り欠いて曲げる。この小穴を割れ止め穴といい，その大きさは，一般に表3－3に示す値を標準としているが，次のような計算式により求める方法もある。

$d \geqq 2R$

ただし，d：割れ止め穴径（mm）

R：曲げ半径（mm）

表3－3　割れ止め穴　　（単位　mm）

板　厚	0.3～0.6	0.6～1.6	1.6～2.0
穴　径	2.0	3.0	4.0

（7）曲げ加工の板取り

a．円筒曲げの板取り

板金材を円筒状に曲げる場合には，板厚はほとんど変化せず，中立面は板厚の中央にあると考えることができるので，これを板取りの基準にする。

図3－90に示す円筒曲げにおいて，円筒寸法が外径で示されているとき，必要な板取り長さLは，

$L =$（外径寸法 － 板厚）$\times \pi$

内径で示されているときは，

$L =$（内径寸法 ＋ 板厚）$\times \pi$

で計算する。

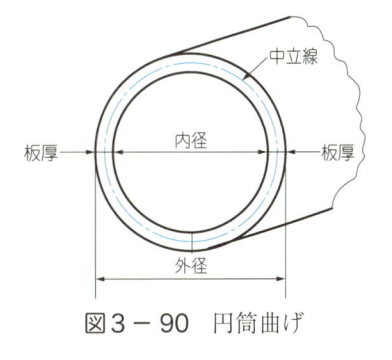

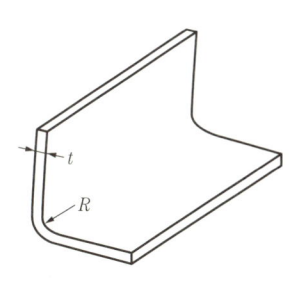

図3－90　円筒曲げ

図3－91　板金材の曲げ

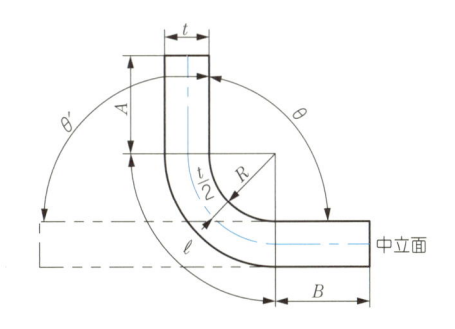

図3－92　曲げの板取り①

b．曲げ半径の大きい曲げの板取り

図3－91に示すように板金材を曲げるとき，曲げ半径Rが板厚tの5倍以上あるときは，円筒曲げの場合と同様に，曲げによって板厚が変化せず，中立面は板厚の中央にあるものとして板取り長さを求める。

図3－92の形状に曲げるのに要する板取りの長さLは，

$L = A + B + \ell$ である（ℓの実寸法は中立面上にある）。

ℓは，円筒曲げをしたときの中立面の一部として計算する。90°に曲げる場合のℓは，円周の$\frac{1}{4}$である。よって，

$$\ell = (内径寸法 + 板厚) \times \pi \times \frac{1}{4}$$
$$= (2R + t) \times \frac{\pi}{4}$$
$$= \frac{(2R + t)\pi}{4}$$

90°曲げのLは，

$$L = A + B + \frac{(2R + t)\pi}{4}$$

90°以外の$\theta°$に曲げるときのℓは、円周の$\frac{\theta'}{360}$である。

ここで$\theta' = 180° - \theta$である。

よって，

$$\ell = (内径寸法 + 板厚) \times \pi \times \frac{\theta'}{360}$$
$$= (2R + t) \times \pi \times \frac{\theta'}{360}$$
$$= \frac{(2R + t)\pi \times \theta'}{360}$$

θ曲げのLは，

$$L = A + B + \frac{(2R + t)\pi \times \theta'}{360}$$

図3－93（a）は，$\theta = 60°$であるから，

$\theta' = 180° - \theta = 180° - 60° = 120°$ となる。

よって板取り長さLは，

$$L = A + B + \frac{(2R + t)\pi \times 120}{360}$$

である。

また，図（b）は、$\theta = 120°$であるから，

$\theta' = 180° - \theta = 180° - 120° = 60°$　となる。

よって板取り長さLは，

$$L = A + B + \frac{(2R+t)\pi \times 60}{360}$$

で計算できる。

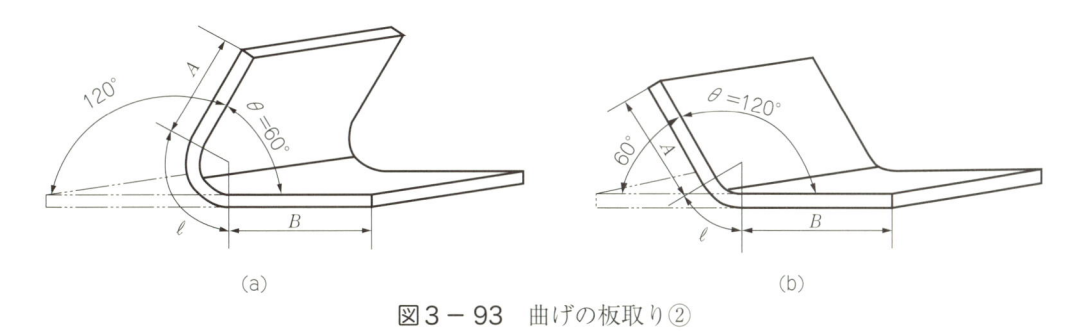

図3－93　曲げの板取り②

c．曲げ半径が小さい曲げの板取り

板金材を小さい曲げ半径（板厚の5倍未満）で鋭く曲げると，図3－94（a）に示すように，曲げ部の外側が伸ばされて板厚が薄くなり，中立面が（b）のように内側に移動する。この中立面の移動は，曲げの板取りに影響する。

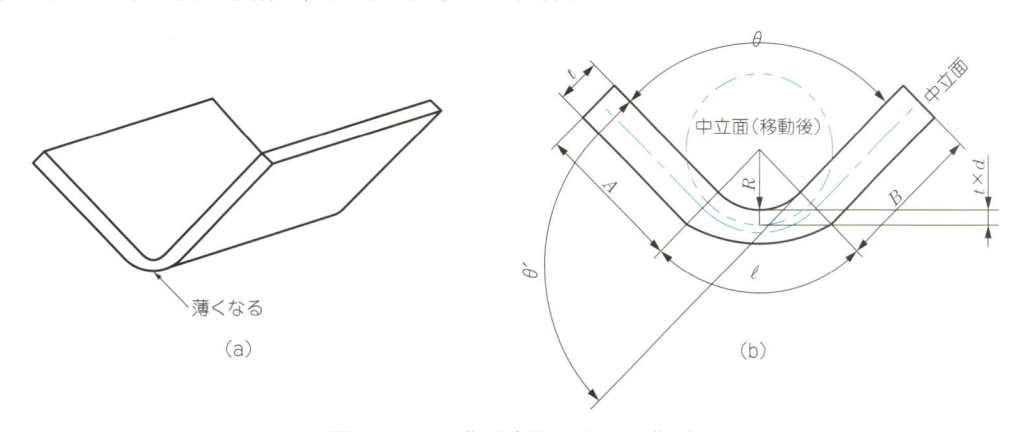

図3－94　曲げ半径が小さい曲げ

中立面の移動量は，曲げ半径と板厚によって異なる。移動後の中立面の位置は，表3－4から求められる。

表3－4　中立面の移動係数 d　　（単位　mm）

R/t	5	3	2	1.2	0.8	0.5
d	0.5	0.45	0.4	0.35	0.3	0.25

（R：曲げ半径，t：板厚）

表の用い方としては，まず $\dfrac{R}{t}$ を求める。

次に求められた値を表3-4に当てはめ，d を決める。

曲げ半径に，板厚と係数 d を掛けた値を足すと，中立面の位置が求められる。

式で示すと，

$$R + t \times d$$

となる。

90°曲げの場合の ℓ は，

$$\frac{2 \times (R + t \times d)\pi}{4}$$

となる。

よって板取り長さ L は，

$$L = A + B + \frac{2 \times (R + t \times d)\pi}{4}$$

さらに

$$= A + B + (R + t \times d) \times 1.57$$

となる。

90°曲げ以外の角度 θ のとき L は，

$$L = A + B + \frac{2 \times (R + t \times d)\pi \times \theta'}{360}$$

である。

　d．外側寸法から求める板取り

　前項までの板取り計算は，すべて，曲げ R 部が円周の一部であると仮定し，その半径を使って計算したが，実際の曲げ加工においては，曲げ半径が小さい場合，R 部は正しい円の一部とはならず，また，その大きさも加工条件によって大きく変わり，板取り計算の基礎としての正確な曲げ半径を求めることは困難である。

　このため，精密板金加工においては，実際の加工とまったく同じ条件で**試し曲げ**を行うか，又は各作業場において作成したデータにより板取り寸法を求めることが多い。

　図3-95（a）のように，長さ L の素板にけがきを行い，これを図（b）のように試し曲げをして各部の寸法を測定したとき，

(a) 展開図

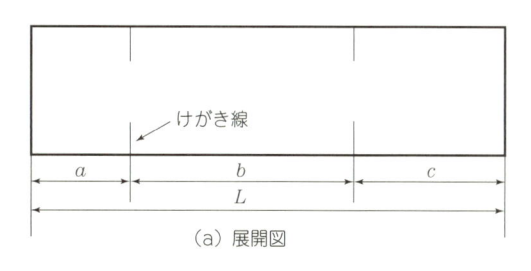

$a+b+c=L$
$A=a+x \quad a=A-x$
$B=b+2x \quad b=B-2x$
$C=c+x \quad c=C-x$

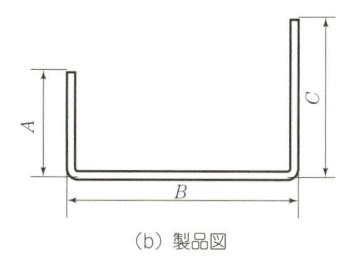

(b) 製品図

図3-95　外側寸法による板取り

$A = a + x$
$B = b + 2x$
$C = c + x$

となったとすると，このxが1箇所の曲げの伸び量であり，Bは左右2箇所で伸びているため，伸び量は$2x$となる。このxの値を試し曲げにより正確に求めておけば，図（b）の製品をつくるための板取りでは，

$a = A - x$
$b = B - 2x$
$c = C - x$

であるので，その全長Lは，

$L = a + b + c$

として展開図を描くことができる。

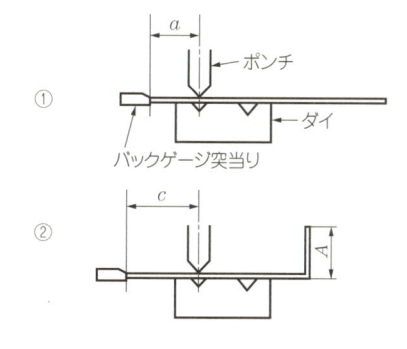

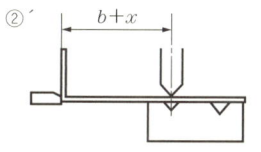

図3-96　曲げ加工順序

　図3-96は，図3-95（b）の製品を，プレスブレーキで，バックゲージを使って曲げるときの加工順序を示したもので，素板全長L寸法が正確でない場合，①→②では，製品のB寸法精度が悪くなり，①→②′では，製品のB寸法精度はよいが，C寸法精度が悪くなる。なお，図3-96の②′の曲げにおけるバックゲージ寸法は，片側がすでに曲げられてxだけ伸びているので，図3-95（a）の板取り寸法bにxを加えた寸法にすることが必要である。

（8）突合せ部の種類と板取り

箱形の曲げ加工での角部の突合せ法は，アーク溶接，ガス溶接，スポット溶接，ろう付など，接合方法によって違ってくる。

図3－97は，代表的な突合せ法と板取り法を示したものである。$\ell_0 \sim \ell_6$は$t = R$（板厚と曲げ半径が等しい）と仮定し，一般に板金材の伸び量$x = 0.8\,t$として板取り計算をする。

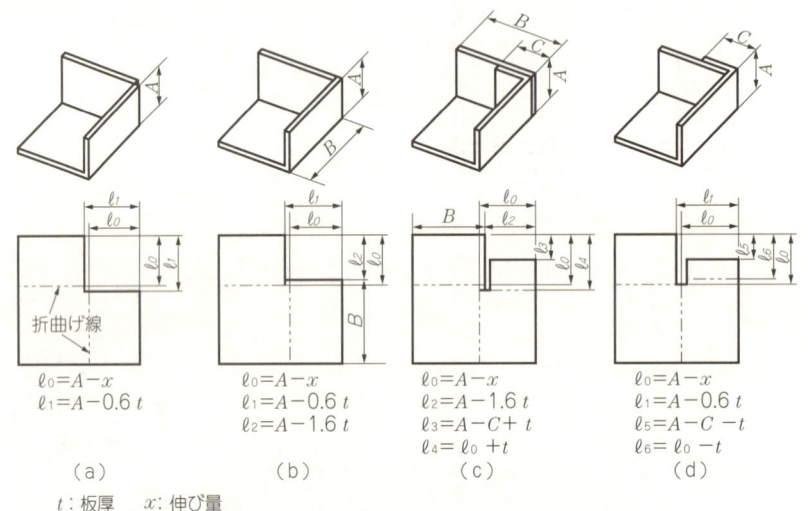

(a)
$\ell_0 = A - x$
$\ell_1 = A - 0.6\,t$

(b)
$\ell_0 = A - x$
$\ell_1 = A - 0.6\,t$
$\ell_2 = A - 1.6\,t$

(c)
$\ell_0 = A - x$
$\ell_2 = A - 1.6\,t$
$\ell_3 = A - C + t$
$\ell_4 = \ell_0 + t$

(d)
$\ell_0 = A - x$
$\ell_1 = A - 0.6\,t$
$\ell_5 = A - C - t$
$\ell_6 = \ell_0 - t$

t：板厚　　x：伸び量
注：すみの部分には必要に応じて割れ止め穴をあける又はにげをとる。

図3－97　突合せ部の種類と板取り

第4節　打出し，絞り

1枚の平らな板から，継ぎ目のない容器をつくり出す加工法が打出し，絞り加工である。

絞り製品は，プレス金型による絞りや，へら絞りによって，精密に大量に生産されるが，少量の場合には，手作業によってつくられる。

手作業による絞り製品の製作には，木うす，砂袋又は定盤上で，いもハンマを用い，製品の内面からたたき出して成形する**打出し**と，ぼうずならし，金敷を用い，外面からハンマでたたき縮めて成形する**絞り**とがあるが，絞り製品の加工には，この両方が併用されることが多い。

打出し，絞りに用いる板金材には，良質で**展性**のあるものが選ばれるが，加工が進むと，板金材が硬くなり（加工硬化），割れが生じることもあるので，加工途中に**焼なまし**をして軟化させる。

4.1 打出し

打出し加工には，いもハンマ，からかみハンマ，木うす，砂袋，鉛塊（えんかい），定盤などのほか，ぼうずならしが使用される。

半球状のもの，皿形状のものの板取りは，普通，図3－98に示すような簡便法によって行うことが多い。

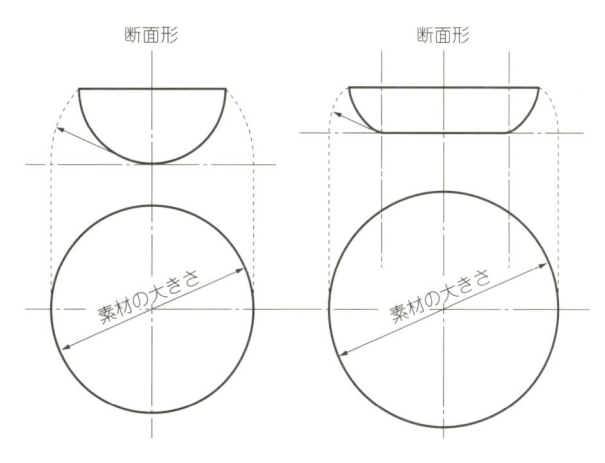

図3－98　半球などの板取り

木うすを用いる加工は，板取り，切断，面取りした素板（ブランク）を，図3－99（a）に示すように，木うすのくぼみに合わせ，ゆっくり回転させながら，いもハンマで一定間隔に，均一な力で，周辺部から同心円状に，中心部に向かって打ち出していく。途中で生じたしわは，定盤やぼうずならしでならし，あらかじめ準備した**がばり**に合わせながら，打出しを続けていく。

製品ががばりに合うようになったら，図3－99（b）に示すように，ぼうずならしに当て，外側から，からかみハンマでならす。

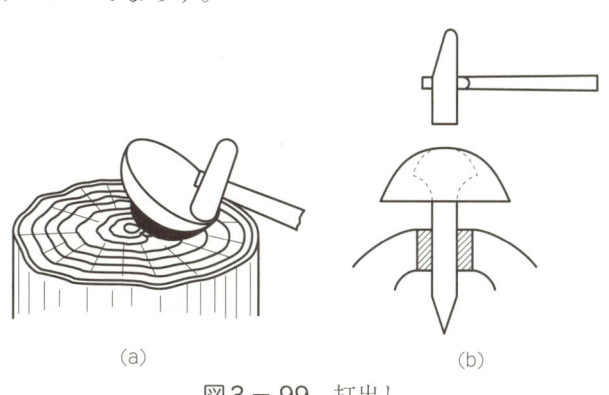

図3－99　打出し

木うすによる打出しでは，素板の周辺部は，いくらか絞り変形を受け，比較的小さい径の半球や，皿形状製品などの成形を能率よく行うことができるが，中央部付近は，伸ばされるので破れやすく，また，必要以上に打出しすぎると，あとの修正が困難となる。

大きな曲率半径の大物の打出しには，砂袋や土床を用いて成形する。

素板の中央部を局部的にふくらませるような加工には，定盤による打出しが行われる。これに用いる定盤は，なるべく厚く，材質の硬い，表面状態のよいものを使用する。

定盤による打出しでは，定盤上の素板をハンマでたたき伸ばしていくため，木うすや砂袋を使用して打ち出す場合と異なり，周辺部は絞り変形を受けず，外周部の寸法が変化しないので，素板の寸法は，でき上がり製品の外径寸法と同じでよい。

定盤による打出しでは，素板が，定盤とハンマの間で圧縮を受けて延び，木うすによる打出しのような引張り変形を受けないので，破れにくく，かなり板厚が薄くなるまで加工できるが，ハンマの1打による板の変形範囲が狭く，能率が悪い。

打出し加工では，板金材を延ばして成形するので，深い容器の成形は，中央部の板厚が薄くなり，困難である。

4.2 絞 り

深い容器の成形は，打出しと絞りを併用して行うか，全体を絞りによって成形する。

絞り加工における板取りは，製品の表面積と素板（ブランク）の面積が等しいとして，計算又は展開法による作図で求める。

例えば，図3－100の球形状，円筒形状のものの板取り計算は，

球形状では，

球の表面積＝素板の面積

$$4\pi r^2 = \pi R^2$$

$$\therefore R = 2r$$

となり，球半径の2倍の半径で描いた円が，素板の大きさとなる。

円筒形状では，

容器の表面積＝素板の面積

側の面積＋底の面積＝素板の面積

$$d \times \pi \times h + \frac{\pi}{4}d^2 = \frac{\pi}{4}D^2$$

$$D^2 = d^2 + 4 \times d \times h$$

$$D = \sqrt{d^2 + 4dh}$$

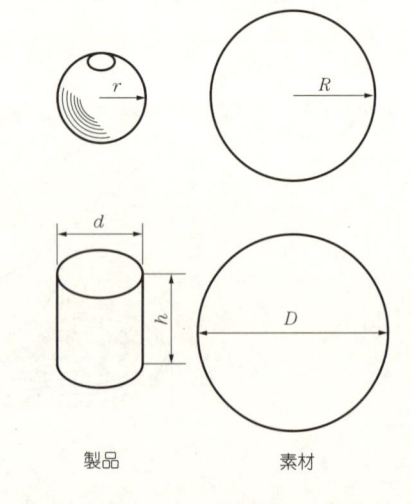

図3－100 球，円筒絞りの板取り

であり，Dの直径で描いた円の大きさが，素板の大きさとなる。

　実際には，加工法によって，板の伸び縮みに差が生じたり，周辺部に割れが発生したりするので，計算寸法に多少の仕上げしろを加えることが多い。

　板取り，切断した素板は，よく面取りを行う。面取りが不十分であると，加工途中で縁に割れが生じやすい。

　ほうずならしによる絞り加工では，図3－101に示すように，金敷の上に乗せた素板をゆっくり回しながら，金敷と素板がわずかにすいている部分を，中心部から周辺部に向かって同心円状に，ハンマでたたき縮めていく。

　加工が進むと，素板周辺部に，しわが多く発生する。このしわは，定盤やほうずならしを用い，折れ重ならないようにならし，ゲージ（がばり）に合わせながら加工を進めていく。

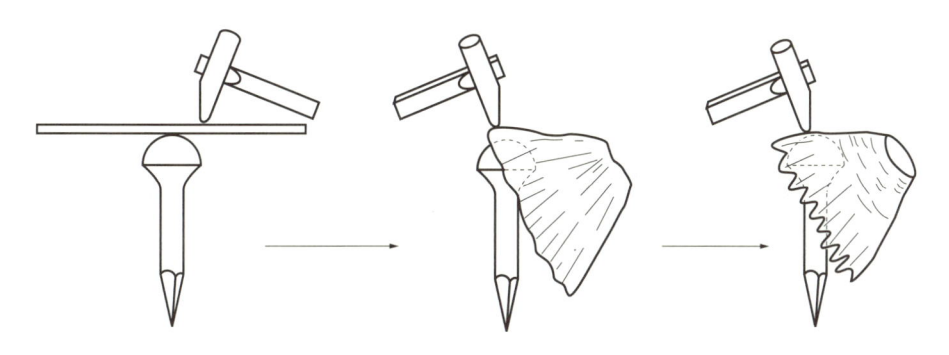

図3－101　ほうずならしによる絞り

4.3　へら絞り

　図3－102に示すような**へら絞り旋盤**（**スピニングレース**）に型と素板を取り付けて，これらを一体として回転させ，へらやローラを人力又は機械力により素板に押し付け，素板を型になじませるように成形する加工を**へら絞り**（**スピニング加工**）という。

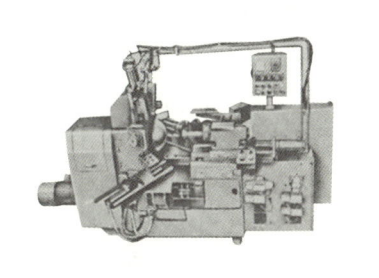

（a）自動式 　　　　　（b）人力式

図3－102　へら絞り旋盤

金属板材のスピニング加工は，へら絞り（絞りスピニング）としごきスピニングに分類され，その基本的加工法を図3－103に示す。

へら絞りでつくられる製品は，カップ，鍋，パラボラアンテナなど，円形のものに限られるが，特殊な方法によれば，楕円形容器の成形も可能であり，プレス深絞り加工品の縁切り，縁巻き，口つぼめのような仕上げ加工にも用いられる。

（a）絞りスピニング　　（b）しごきスピニング

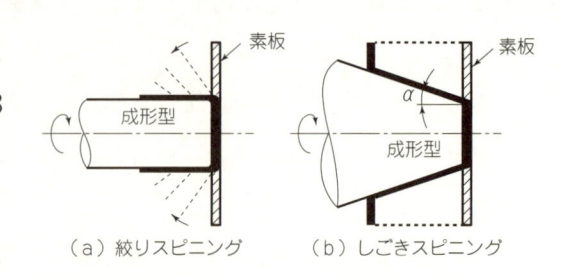

図3－103　スピニングの基本的加工法

へら絞りは，プレスによる絞り加工に比べると，型が安くて速くでき，大形のものの成形も可能であるが，大形になると加工時間が長くなるのが大きな欠点である。しかし，図3－104に示すような形状のものは，へら絞りのほうが有利である。

図3－104　へら絞り製品例

へら絞り用材料としては，アルミニウム板，銅及び銅合金板，軟鋼板，ステンレス鋼板などがあるが，人力でへら絞りする場合は，軟らかい材料を焼なましして用いる。

(1) へら絞り型

型の材料には，一般に，鋳鉄，軟鋼，亜鉛合金などが用いられるが，製作数が少ない場合や，仕上げをあまり問題にしないようなときには，かし，さくらなどが使われる。

型の形式としては，一般に，最もよく使われる**外面絞り型**（図3－105（a）），一度絞った容器の底部をくぼめるときなどに用いる**内面絞り型**（図（b）），型をいくつかに分割できるようになっている**分割型**（図（c）），一度絞った品物の口を小さくつぼめるときに使用する**中子型**（図（d））などがある。

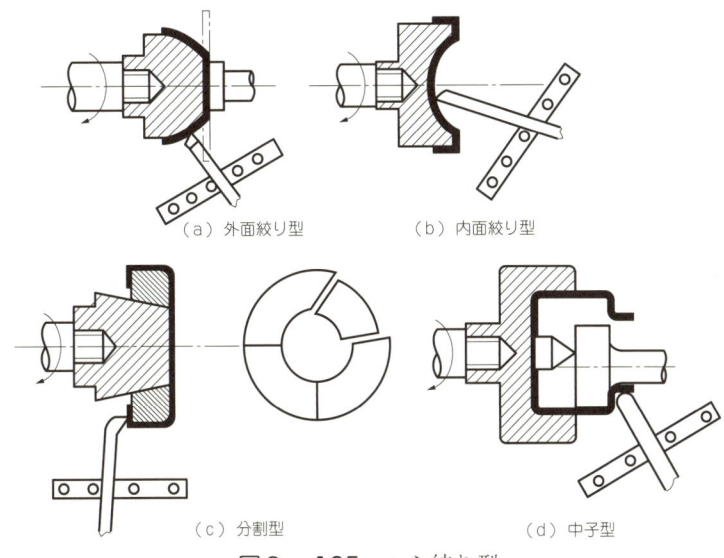

(a) 外面絞り型　　（b) 内面絞り型

(c) 分割型　　（d) 中子型

図3-105　へら絞り型

(2) へら絞り工具

　機械力による絞り加工には図3-106に示すように**ロール**が，手加工には図3-107に示すような**へら棒**が使用される。

　へら棒は，製品の形状に最も適したものをつくり，使用するので，定まった形状のものはない。

　へら棒の材質は，普通，絞る板の材質と異なったものを用いるが，一般に，鋼板を絞るときは青銅，黄銅などがよく，アルミニウム，銅などには鋼を用いる。

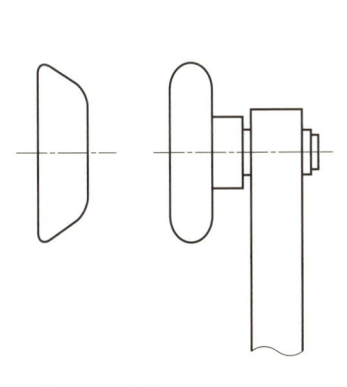

図3-106　ロール 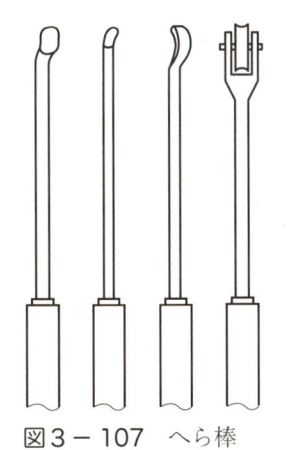　　　　図3-107　へら棒

(3) へら絞り作業

　へら絞り作業では，加工後の板厚を加工前の板厚とほとんど変えないように絞り，しかも，しわや破れをつくってはならないので，作業には経験と技術を要する。

へら絞りの板取りは，作業者によって多少異なるが，円筒形容器における素板の直径 D（mm）は，一般に次の式で求められる。

$D = (d + 2h) \times (0.75 \sim 0.90)$

ただし，d：底の直径（mm）

h：高さ（mm）

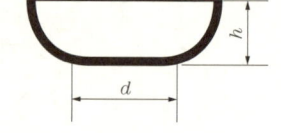

図3－108　絞り容器

容器が浅いとき，また，図3－108のような皿形のときは，上式の係数の大きいほうを，深い絞りのときは，係数の小さいほうをとる。

へら絞り旋盤の回転数は，素板の材質と大きさによって異なる。表3－5はアルミニウム板の一例で，鋼板を絞るときは，これより回転数を少なくして，へらに加える力を大きくする。

へら絞り作業では，へらと素板の摩擦が大きいので，十分に**潤滑剤**を用いることが必要である。潤滑剤としては，機械油，グリース，石けん，パラフィンなどが用いられる。

表3－5　へら絞り旋盤の回転数例

素板直径（mm）	板厚（mm）	回転数（rpm）	備　考
900〜600	4.5〜 2	250〜 550	素板はアルミニウム板
〃	2 〜 1	450〜 650	
600〜300	4.5〜 2	300〜 450	
〃	2 〜 1	550〜 750	
300〜100	2 〜 1	600〜 900	
〃	1 〜 0.5	850〜1200	
100 以下	1.3〜 0.5	1100〜1800	

絞り作業は，素板が型に接している部分から，縁に向かって絞っていく。へらはできるだけ支点を変えず，連続的に絞る。1箇所を長く押したり，へらを逆に使ったりすると，ひだを生じたり，破れたりする。

第5節　ひずみ取り

板金素材や，製品には，多少の凹凸が存在する。これは板金材の各部の状態が均一でなく，局部的な伸びや縮みが生じているためで，この凹凸を**ひずみ**という。

この伸びているところを縮め，又は縮んでいるところを伸ばして，板金材の各部が均一な状態になるようにし，平滑にする作業をひずみ取り又は矯正作業といい，板金作業の重要な部分を占めている。

ひずみは，板金素材の運搬や取扱い中に，また，切断，成形，溶接などの加工によって生じるもので，単純な曲がりから，板内部又は縁の局部的な伸び，溶接部の縮みなど，その発生形態はいろいろである。ひずみ取りは，手作業又は機械作業によって行われる。

5.1　手作業によるひずみ取り

　板金材に大きな曲がりがあるときは，適当な方法で，曲がりと反対の方向に力を加えて曲げ返し，大きな曲がりを矯正するが，完全に矯正することはできないので，だいたいの曲がりを矯正したあとは，定盤ならしなどで完全にひずみを取り除く。

（1）定盤ならし

　ひずみのある板金材を定盤の上に乗せ，図3－109に示すように，縮んでいる部分をハンマでたたき伸ばして，全体を均一な状態にする作業で，手作業のひずみ取りとして一般に行われる。

　ひずみ取りに使用する定盤は，なるべく硬い鋳鉄又は硬鋼製で，厚みが十分あるものがよい。

　ハンマは，ひずみを取る板の大きさや厚さにより，適当な大きさのものを選び，打撃面がわずかに中高になっているものを用い，木ハンマも併用する。

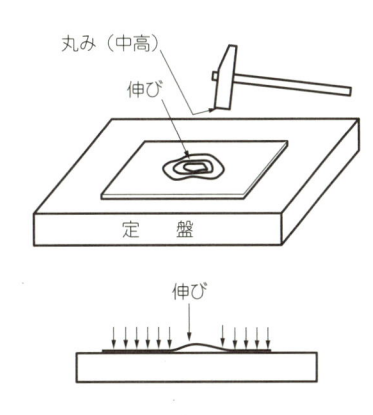

図3－109　定盤ならし

　平板の加工後のひずみのうち，切断により生じたひずみは，だいたい切断部分が伸びており，溶接部は縮んでいる。

　ひずみ取りは難しい作業であり，ひずみの状態の見分け方と，技能の習熟が大切である。

（2）当て盤ならし

　曲面部の凹凸，取り付けられた品物や，定盤の上に乗せることが困難な品物のひずみ取りに用いられる方法で，図3－110に示すような当て盤を裏に当て，ハンマでたたいてひずみを取る。

　当て盤には，各種の形状，大きさ，重さのものがあり，矯正箇所の形状などによって適切なものを選んで使用する。

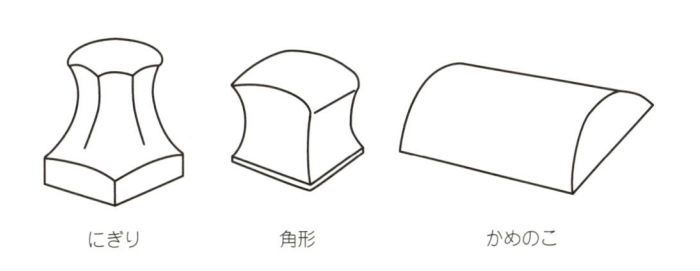

にぎり　　　角形　　　かめのこ

図3－110　当て盤

（3） しわ寄せ

しわ寄せは，板金材の開放された周辺部に伸びがあるときに利用される。

板金材の周辺部の伸びのある部分を，図3－111（a）に示すしわ寄せ棒で，図（b）のように，絞り込みの要領で**三角しわ**を寄せてつくる。しわの根元のほうから，元の状態に戻らないように注意しながら，ハンマで三角しわをたたき縮めて，ひずみを取る。

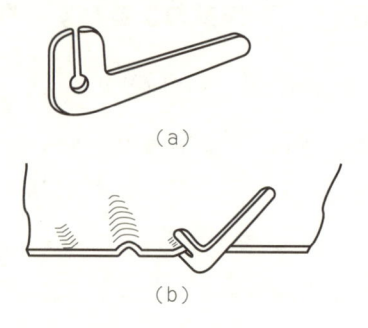

図3－111　しわ寄せ

（4） きゅうすえ

きゅうすえとは，金属の加熱，冷却に伴う膨張，収縮を利用し，金属の伸びているところを**酸素－アセチレンガス火炎**で点状に加熱したあと，水やエアで急冷して収縮させ，ひずみを取る方法である。きゅうすえによってひずみが除去されるメカニズムは次のようである。

図3－112に示すように，板金材の一部を小さく加熱すると，その部分は，平面方向と，厚みの方向とに膨張しようとするとともに，軟らかくなる。しかし，周囲の板は熱せられていないので，変形抵抗が大きく，加熱部が板面方向に膨張するのを妨げる。このため，膨張は厚み方向にのみ，塑性変形を伴って生じ，図（b）のようにふくらむ。

これを急冷すると，ふくらみ部は，図（c）の矢印のように収縮し，このうち，板面方向の収縮が周囲の材料を引きつけ，たるみを引きしめる。

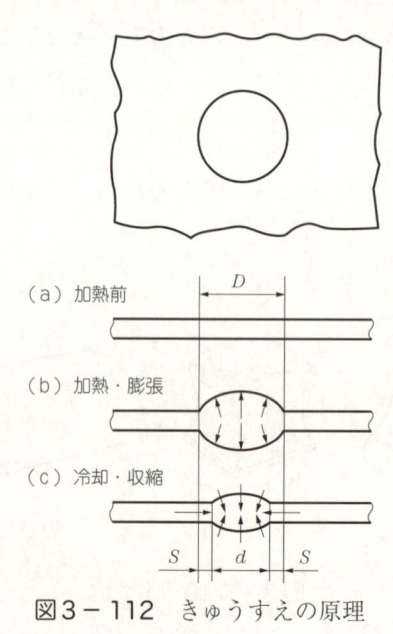

図3－112　きゅうすえの原理

この収縮量Ｓは，ごくわずかであるが，きゅうすえを数多く行うと，全体として大きな収縮量となり，ひずみを除去できることになる。

　きゅうすえは，周囲が固定されている薄板のひずみ除去に有効で，固定されていない平板に行うと，かえってひずみが大きくなる。また，表面処理してある鋼板，加熱をきらうもの，熱伝導が大きい金属板には不向きで，普通，軟鋼板に行われる。

　きゅうすえは，次のようなことに留意して行う。

① 加熱温度は，高いほうがひずみ取り効果は大きいが，酸化や材料組織の粗大化がひどくなるので，600〜700℃（暗赤色〜赤色）程度にする。

② 加熱範囲は，大きいとかえってひずみが大きくなることがあり，小さいと効果が少ない。板厚１mmで直径15mm以下にする。

③ 加熱から冷却し終るまでの時間はなるべく短くし，7〜8秒で１点のきゅうすえが完了するようにする。長くかかると，加熱範囲が広がり，ひずみの除去は行われず，かえってひずみが増大することがある。

④ 火炎でそのまま加熱すると，広い範囲で温度が上昇し，かえってひずみが増大するので，水にぬらした布で加熱部の周囲を囲むなどの処置をして加熱する。

　鉄道車両の外板など，広い平面のきゅうすえでは，図３－113に示すような，数多くの穴をあけた焼き板を当てて，きゅうすえを行う。

　板厚が厚いときは，きゅうすえによるひずみ取りは無理であるが，図３－114（a）に示すような曲がりがある場合，曲がりの外側表面を曲がりの線に沿って線状に，連続的に加熱すると，図（b）のように加熱面がふくらみ，これを冷却すると，板の表面が引っ張られて，図（c）のように角度が変化し，曲がりが矯正される。なお，この原理を応用すれば，厚板を，大きな曲げ半径で湾曲加工することができる。

図３－113　焼き板

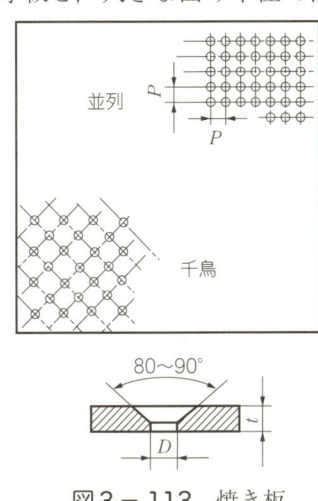

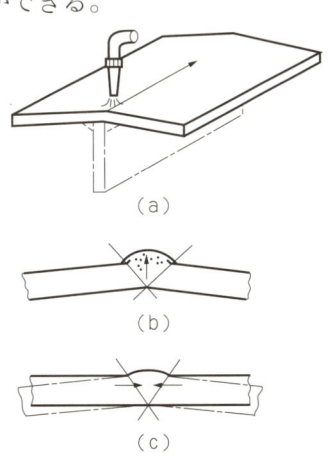

図３－114　厚板の線状加熱

5.2 機械によるひずみ取り

（1）矯正ロール機による矯正

矯正ロール機は，**ローラレベラ**ともいわれ，図3－115に示すようなもので，長尺板の矯正に適しており，機械的矯正法として広く利用されている。

図3－116に示すように，上下へ千鳥(ちどり)に配置してある数本のロールで，連続的に曲げ返し，しだいにロールの押込み量を小さくして，最後に平らな板として取り出す。

矯正ロール機は，普通，コイルに巻いた帯板の**巻きぐせ**を取るのに用いられ，複雑な凹凸のひずみがある板金材や，小さい板金材のひずみ取りには不向きである。

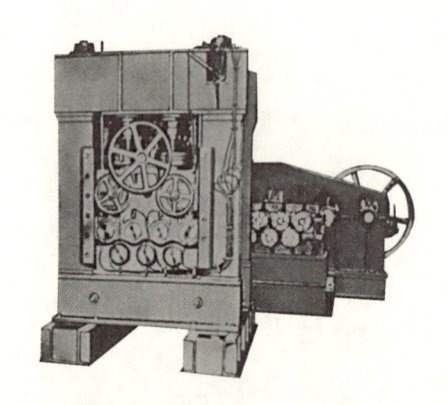

図3－115　矯正ロール機　　　図3－116　矯正ロール

（2）引張り矯正機による矯正

板金材の両端をチャックでつかみ，油圧機により引っ張り，0.1～1.1％伸ばして，曲がりを矯正するもので，つかみ部の材料は切り捨てられるが，優れた平坦度(へいたんど)が得られるため，ステンレス鋼板やアルミニウム板などの矯正に用いられる。

なお，引張り矯正機と矯正ロール機を組み合わせたような機械をロール・引張り矯正機，又は**テンションレベラ**といい，ごく薄い板の矯正に用いられる。

（3）圧縮矯正

ロールや引張り矯正ができない，小さい板金材のひずみ取りには，図3－117（a）に示すような平面の型の間で圧縮する方法が用いられるが，完全にひずみを取るには，非常に大きな加圧力を必要とする。

これに対し，図（b）のように，ピラミッド形の小さい突起を付けた上下の型の間で圧縮する方法を，**七子目(ななこめ)ならし**又は星打ちといい，板金材の表面に凹凸の模様が残るが，平面ならしに比べて，小さな加圧力で，良好な平坦度が得られる。

（a）平滑型　　　　（b）七子目ならし　　　　（模様）

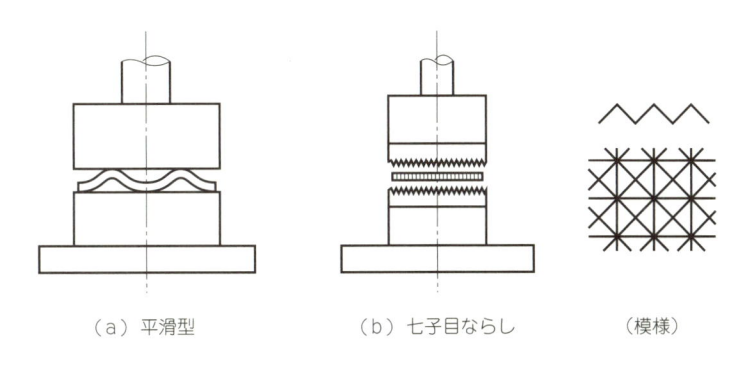

図3－117　圧縮矯正

第6節　仕　上　げ

　板金作業の仕上げとは，板金材の切断や穴あけなどで生じた，かえり（ばり）の除去，又は曲げ，打出し，絞り加工時に生じた表面や端部の不要形状部の除去，若しくは溶接ビード面の矯正などの作業のことをいう。これらの加工により，製品の寸法が**公差**内に収まり，人が触れても怪我をすることがない製品となる。さらに，塗装やめっきのための表面処理や，付加価値を付けるための表面研磨なども仕上げに含まれ，その作業はきわめて重要である。

（1）やすり

　高炭素鋼に鋭い突起の目を刻み，焼入れしたもので，非常に硬い。やすりには，柄をつけて使用する**鉄工やすり**と，精密仕上げに用いる**組やすり**がある。やすりかけは仕上げの基本作業である。

　a．鉄工やすり

　図3－118に示す形状のものを鉄工やすりといい，長さ，断面形状，目の種類及び目の大小によっていろいろなものがある。

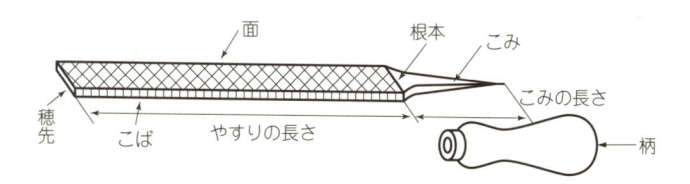

図3－118　鉄工やすり（平形やすり）の各部の名称

　（a）やすりの長さ

　やすりの長さは，柄をはめ込む部分（こみ）を除いた目の刻んである部分の長さをいい，標準の長さは100mmから400mmまで50mmとびに7種類のものがある。

（b）断面形状

やすりは作業の内容によって，さまざまな断面のものがつくられているが，基本形状は図3－119に示す**平形**，**半丸形**，**丸形**，**角形**，**三角形**の5種類である。

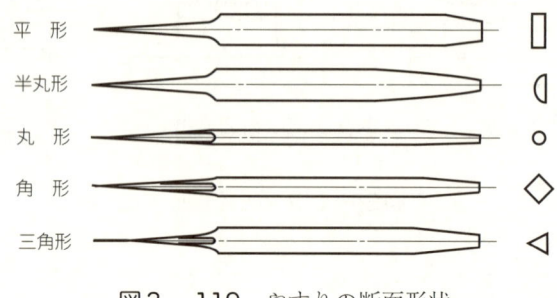

図3－119 やすりの断面形状

（c）目の種類

やすりの目の刻み方には，図3－120に示すように**単目（すじ目）**，**複目（あや目）**，**おに目**，**波目**がある。

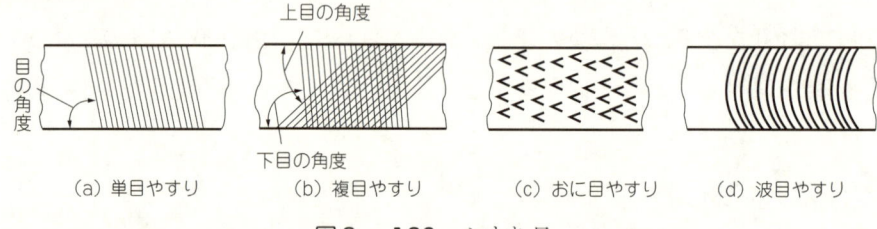

(a) 単目やすり　　(b) 複目やすり　　(c) おに目やすり　　(d) 波目やすり

図3－120 やすり目

（d）目の大小

目の刻み方が粗いか，細かいかによって，**荒目**，**中目**（ちゅうめ），**細目**（さいめ），**油目**（あぶらめ）に分けられる。

b．組やすり

各種形状のものを数本1組としたものであり図3－121にその例を示す。全長の半分程度まで目が切られ，残りの部分がこれよりやや太く，この部分が柄になっている。主に精密を要する作業や細かい加工に用いられる。

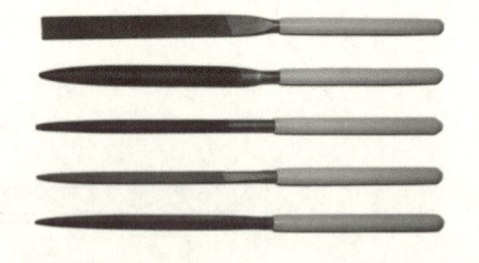

図3－121 組やすり（5本組）

c．やすりの使い方

（a）やすりの選び方

やすりは工作物の材質に適したものを選ぶ。高炭素鋼などの硬い材料には中目，軟質材には荒目のやすりを使用し，アルミニウムなどには単目，波目のやすりがよい。また，製品を仕上げる場合には，目の粗いものから順次，目の細かいやすりを使っていく。

（b）平面やすりかけ作業の基本

　やすりをかけるときは，やすりを正しく持たなければならない。やすりのこみに柄をまっすぐに深く入れ，図3－122（a）のように，右手の手のひらのくぼみに柄の端を当て，図（b）のように親指を上に，他の指を下側にまわして軽く握る。左手を図（c）のようにやすりの先端に当て，図（d）のように手首を水平に，親指付け根の手のひらで押さえる。両手でやすりを持った状態が図（e）であり，実際に工作物にやすりを当てた状態を図（f）に示す。やすりを押すときに材料を削るので，図（g）のように上体の重みを両腕にのせる必要があり，やすりを引くときは，力を抜いて軽く引く。

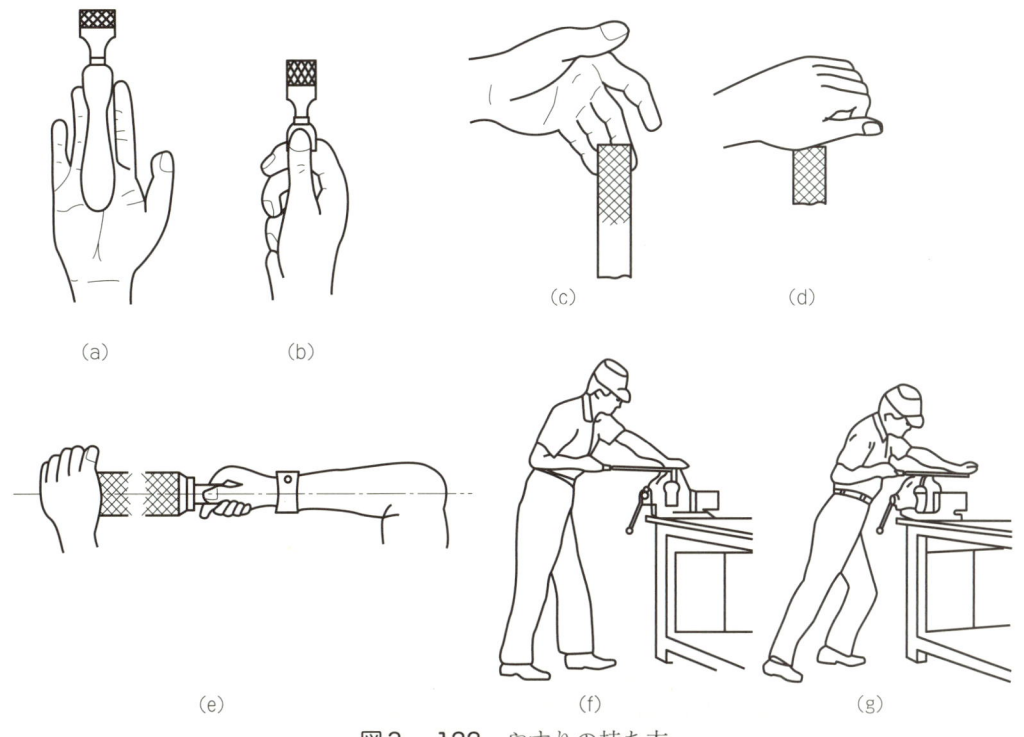

図3－122　やすりの持ち方

　平面の仕上げには，図3－123に示すように**直進法**と**斜進法**があるが，混用して行うことが多い。

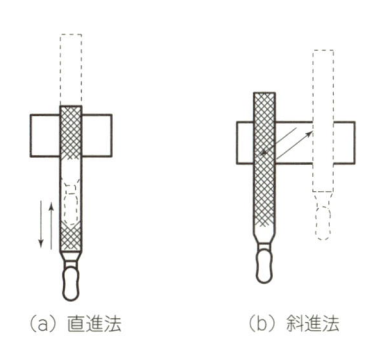

（a）直進法　　（b）斜進法

図3－123　平面仕上げ法

(2) 研磨紙・研磨布

研磨紙や研磨布は，クラフト紙又は布に砥粒を接着したものである。接着には，にかわやゼラチン，合成樹脂などの接着剤が使用されている。**紙やすり**，**布やすり**，**サンドペーパ**などとも呼ばれ，曲面形状をした製品や，やすりでは届かない形状をした製品の仕上げ作業に主に用いられる。図3－124に研磨布を示す。

図3－124　研磨布

(3) 研磨不織布

ナイロン不織布に研磨砥粒を均一に塗布・接着した研磨材で，柔軟で強度があり凹凸面などの仕上げに用いられる。酸化被膜や塗装面の剝離，ステンレスやアルミニウムの**ヘアーライン仕上げ**用など，さまざまなタイプのものがある。図3－125に研磨不織布を示す。

図3－125　研磨不織布

(4) 研磨液

缶に入っている研磨液を布などに染み込ませ，その布で製品をこすることによって，製品表面の汚れや錆の除去，製品表面に光沢を出すときなどに用いられる。チューブに入ったクリーム状のものや、油性ねり状のものもある。

(5) ディスクグラインダ

　直径100～180 mm程度の砥石をディスクグラインダに取り付け，高速回転させた状態で仕上げる面に当てて研削する（図3－126）。砥石を付け替えることによって，荒仕上げから研磨加工までできる。

　板金材の表面仕上げ加工をするときは，ディスクグラインダ本体をしっかり握り，ディスクの角度を研削面に対し15～30°に構え，前後に移動させて作業を行う。砥石が新しいうちは，手前に引く方向のみに移動させ，砥石の角（かど）がなじんできたら，押す方向にも進ませる。

図3－126　ディスクグラインダ

(6) 両頭グラインダ

　円盤形の研削砥石を，モータにより高速で回転させ，そこに仕上げ加工面を当て研削する（図3－127）。使用するときは必ず試運転を行い，急激に仕上げ面を当てると砥石に跳ね飛ばされることがあるので，ワークレスト（工作物支持台）を使用し，最初は軽くふれる程度で作業を開始する。

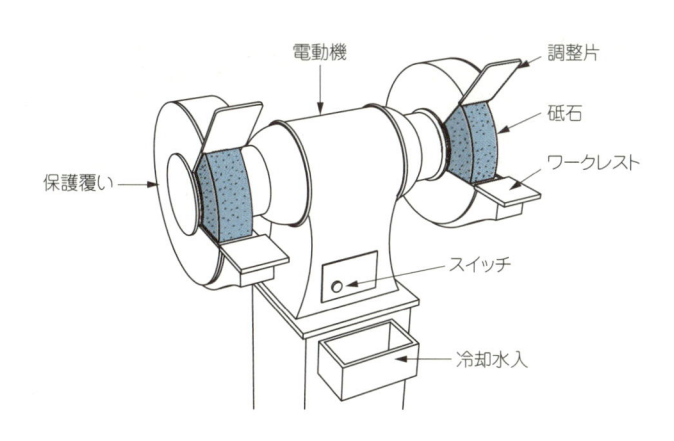

図3－127　両頭グラインダ

（7）ベルト研磨機

前後2つのホイールに，**ループ状の研磨ベルト**を取り付け，これを高速で回転走行させ加工物を研磨する機械である（図3－128）。平面研磨をするときは研磨ベルトの直線部分に仕上げ面を当て，凹状の曲面を研磨するときは前ホイールの丸みを利用して研磨する。小さい加工物は，跳ね飛ばされやすいのでワークレストを使用する。また，加工物の角をベルトに当てると，ベルト自体が破れてしまうので注意が必要である。

図3－128　ベルト研磨機

（8）バ　フ

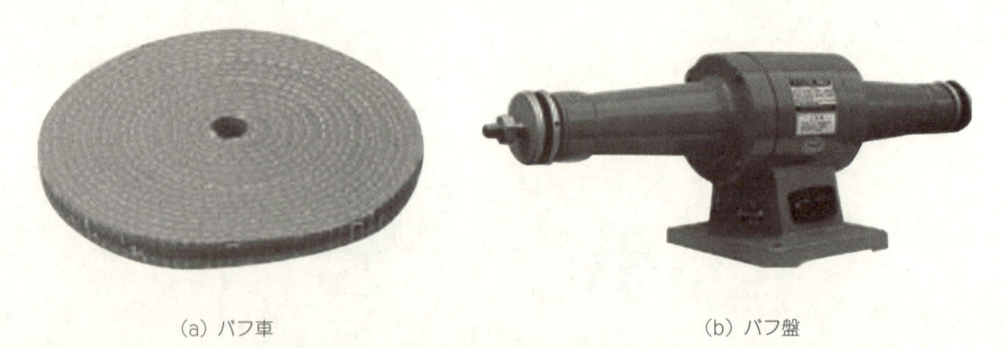

綿帆布，フェルト，革などの円形シート状のものを，何枚も重ねて縫合したものに，砥粒を接着したものと，砥粒を付けないものとがあり、これらをバフ車（図3－129（a））と呼ぶ。バフ車を，バフ盤（図（b））などの回転軸に取り付けて，高速で回転させて仕上げ面（円筒外面，穴内面，平面など）の**つや出し**，若しくは**鏡面仕上げ**を行うことをバフ加工という。バフ仕上げでは，まず粗い砥粒で荒取りをし，順次細かい砥粒のバフ車に替え鏡面仕上げまで行うことができるが，寸法精度の向上を望むことはできない。

(a) バフ車　　　　　　　　　(b) バフ盤

図3－129　バフ

第7節　CAD／CAM及びFMS

　板金加工業におけるCAD／CAM及びFMSへの応用，導入実績はNCタレットパンチプレスを中心にして発達してきた。初期には**自動プログラミング**を目的として，NCのプログラム作成にコンピュータを利用したことから始まった。プログラム作成のソフトウェア開発の進展に伴いコンピュータも大形で処理されていたが，小形コンピュータで処理できるようになり，同時にCAD／CAM用ソフトウェアの開発も各メーカの競争により，急速に進歩し広く普及し，中小板金加工業者も容易に購入できる価格になった。

7.1　CAD／CAM

　CAD（キャド）は，Computer Aided Design，**CAM**（キャム）は，Computer Aided Manufacturingの英文の頭文字を取ったものである。CADはコンピュータに必要な情報を入力し，設計を行う作業をいう。CAMはCADで作成された図形をもとにNCデータ，製造指令などを作成し，NC加工機械（数値制御加工機械）にNCデータを供給して，自動運転により加工する一連のシステムをいう（図3－130）。

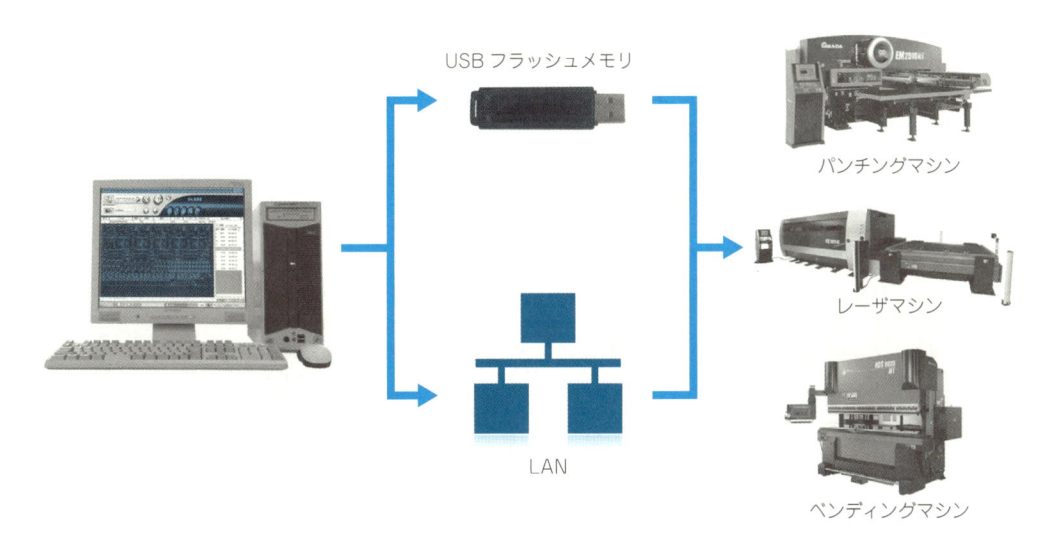

図3－130　CAD／CAMシステム

（1）板金CAD

　板金加工におけるCADは，一般に板金製品図面より各表面の加工図形を点，直線，円，円弧で描き，あとで展開，接合，切欠きを行うことにより製品全体の加工図形が**座標データ**とともにできあがる。CADを使うメリットは次のとおりである。

① 図形が正確に描ける。
② 座標データの保管が可能である。
③ 曲げ製品の展開を自動的に行うので，計算を必要とする複雑な図形も簡単に入力できる。
④ 拡大，縮小，変形が可能である。
⑤ 展開，合成が可能である。
⑥ 修正，変更が容易である。

図3－131の製品をCADで描く手順の例を示すと次のようになる。

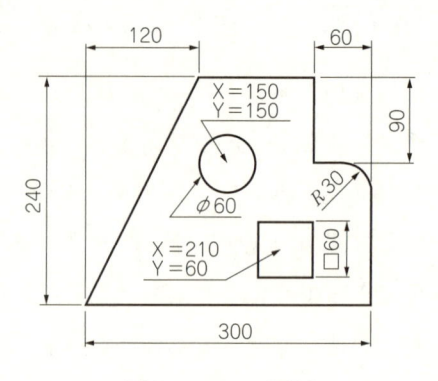

図3－131　図例

a．外形の作図（図3－132）

「四角形」の項目を選び，X寸法（300），Y寸法（240）を入力する（図(a)）。
「切欠C」の項目を選び，L1寸法（120），L2寸法（240）を入力する（図(b)）。
「切欠L」の項目を選び，L1寸法（60），L2寸法（90）を入力する（図(c)）。
「切欠R」の項目を選び，R寸法（R30）を入力する（図(d)）。

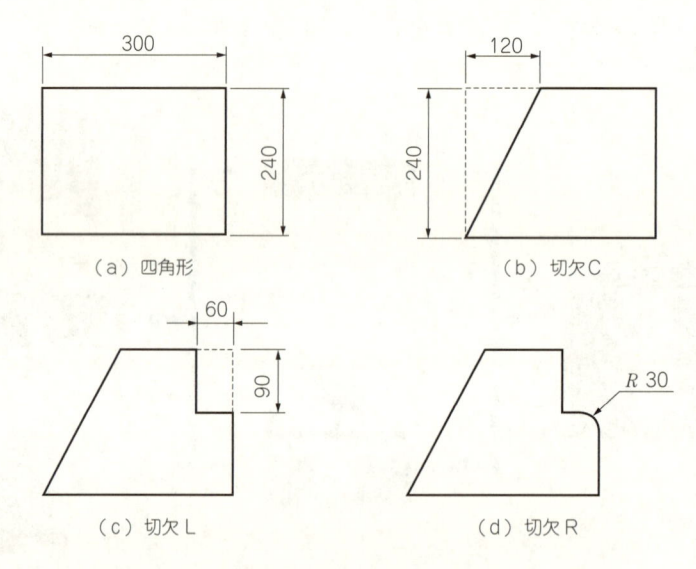

(a) 四角形
(b) 切欠C
(c) 切欠L
(d) 切欠R

図3－132　外形の作図

b．丸穴の作図（図3－133）

「穴丸」の項目を選び，D寸法（φ60）と位置（X150，Y150）を入力する（図(a)）。
「穴角」の項目を選び，XL寸法（60），YL寸法（60）角の中心位置（X210，Y60）を入力する（図(b)）。

図3－134に示すように同じ穴が一定の基準で並んでいるときは，**パターン**を使って作

(a) 穴丸　　　　　　　　　　　　(b) 穴角

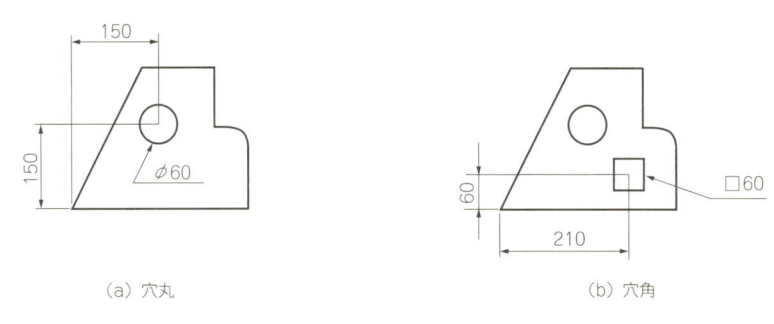

図3-133　丸穴の作図

図することができる。

① 同じ**ピッチ**で**直線**上に並んでいる図（a）。
② 同じピッチで**円弧**上に並んでいる図（b）。
③ **格子**状に並んでいる図（c）。
④ **円周**上に等間隔に並んでいる図（d）。

（a）同じピッチで直線上　（b）同じピッチで円弧上　（c）格子状　（d）円周上に等間隔

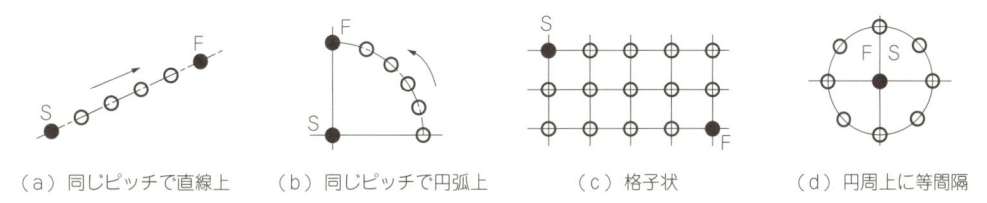

図3-134　穴が一定の基準で並んでいる場合の作図

側面図を描きたいときには，平面図から側面を延ばして作成する方法と，側面図を平面図に接合する方法などがある。

（a）面を延ばす方法（図3-135）

延ばす辺を選び，延ばす寸法，角度，接合条件などを入力することにより，自動的に展開図が描ける。

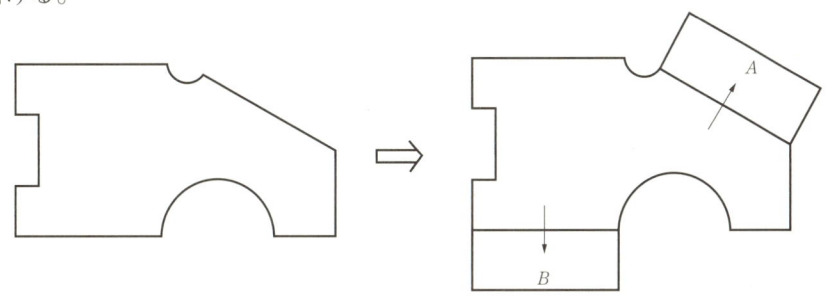

図3-135　面を延ばす方法

（b）面を接合する方法（図3-136）

展開する辺の近くに側面図を独立させて作成し，辺と辺を指定し，展開条件などを入力

することで自動的に展開した図が描ける。

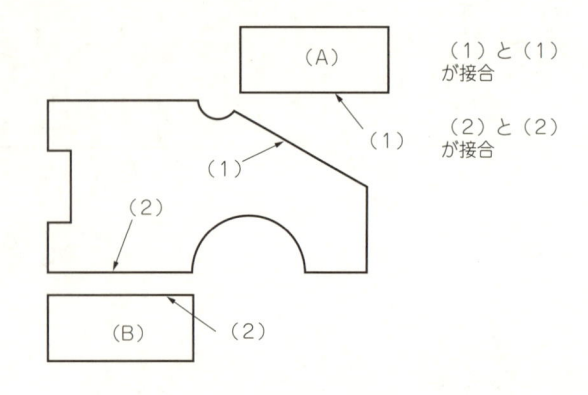

図3－136　自動的に展開した図の作図

その他，曲げ形状の断面図を描くことにより，展開図が作成され展開寸法が自動的に計算される機能もある（図3－137）。

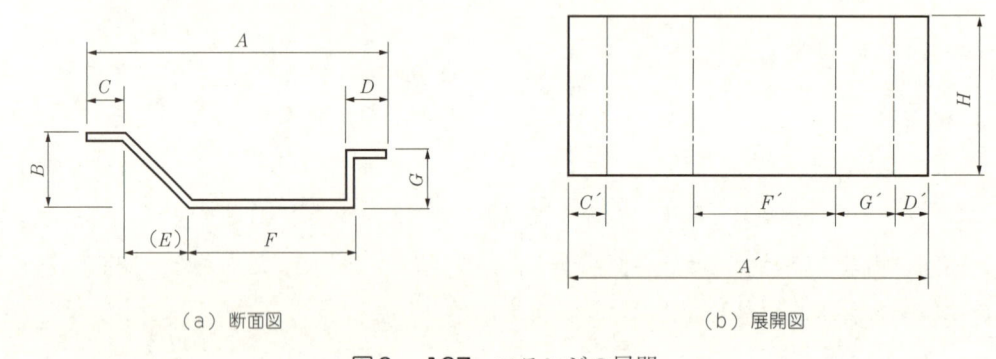

（a）断面図　　　　　　　　　　　（b）展開図

図3－137　フランジの展開

（2）板金ＣＡＭ

板金CAMはCADで入力し，作成された図形の座標データをもとに，加工機に合わせた機種の仕様，使用金型，板金材など必要なすべての指令を**NCデータ**に変換し，効率的に加工できるデータを作成することである。

CAMを使うことによるメリットとしては，

①　自動的に加工用NCデータができる。
②　機械，機種に適合した加工用NCデータが作成できる。
③　危険な加工，不良加工を表示して警告してくれる。

などである。

CAMには次の機能の優れていることが望まれる。

①　実加工時間が短いプログラムを作成する。

② 加工用NCデータが短時間で作成できる。

③ 変形，変換，歩留まり，加工干渉など多くの機能がある。

④ 簡単な操作でさまざまな機能が使用できる。

などである。

　高機能なCAMは操作性に優れ，生産性向上に寄与するが，各種CAM間で互換性のない場合もあるので，導入に当たっては詳細に検討する必要がある。

　CAMの機能は数多くあるが，タレットパンチプレスに利用されている機能例を次に示す。

　a．自動金型割付け

　タレットなどに装着された金型を用いて，図面形状どおりに外形や穴抜き加工されるように，**最適金型を自動的に割り付ける機能**である。図3－138は，図3－131を自動金型割付けしたものである。

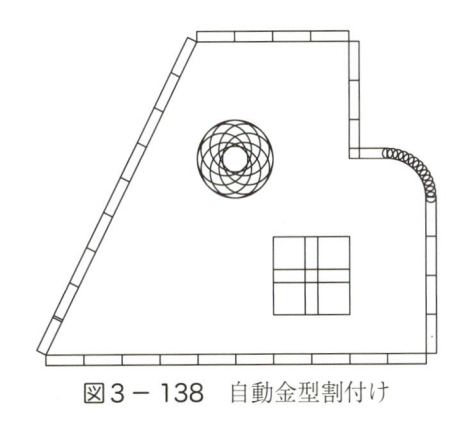

図3－138　自動金型割付け

　b．加工順序の最適化

　加工経路若しくは加工時間が最短になる順序を自動作成する機能で，図3－139（a）に示した加工順序は，図（b）に比べ経路が短い。加工経路の変更や，使用する金型の順番を変更することも可能である。

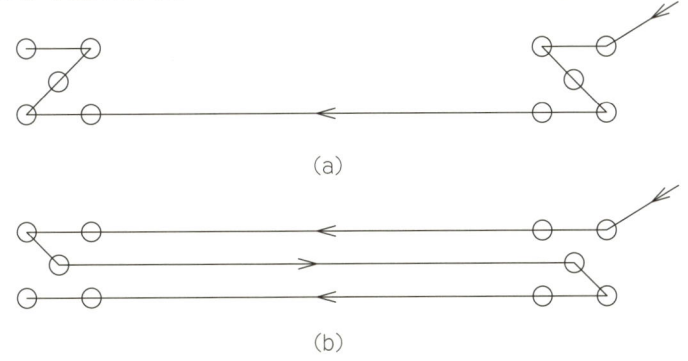

(a)

(b)

図3－139　加工順序の最適化

c．自動つかみ換え

板金材をつかんでいるクランプの位置を換えることによって，**加工範囲**（x方向のみ）を超える大きな板金材でも加工できるデータを自動的に作成する。図3－140（a）では加工できない穴を，自動つかみ換えを行うことによって加工したものが図（b）である。

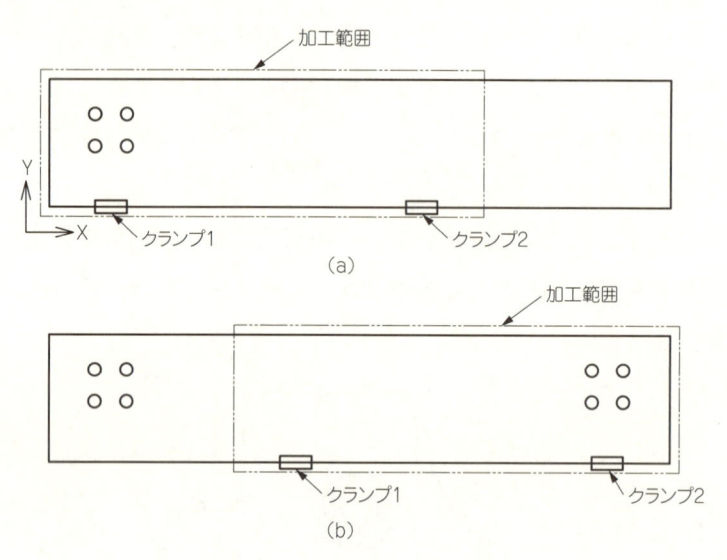

図3－140　自動つかみ換え

d．加工干渉の回避

図3－141（a）に示すような鋭角の切欠きが必要なとき，図（b）の金型配置だと製品内に干渉する（切り込む）。このような場合，図（c）に示すように自動的に干渉を回避する加工データを作成する。製品内に切り込む加工データも可能である。

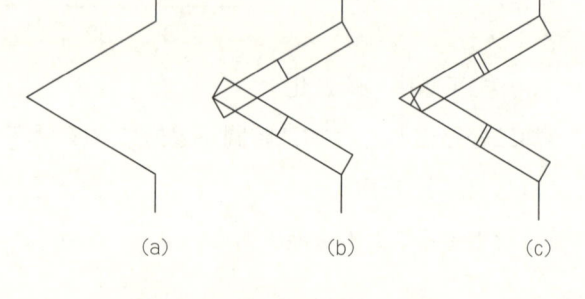

図3－141　加工干渉の回避

e．デッドゾーンの回避

図3－142に示すように，板金材の穴加工がクランプの**デッドゾーンライン**内にあると，金型がクランプをパンチし，双方が破損する恐れがある。このようなとき，自動つかみ換えによりクランプを逃がす加工データを作成する。

f．その他

レーザ加工機用，油圧式パンチプレス用，プレスブレーキなどの加工用データがＣＡＭにより，自動的に作成される。

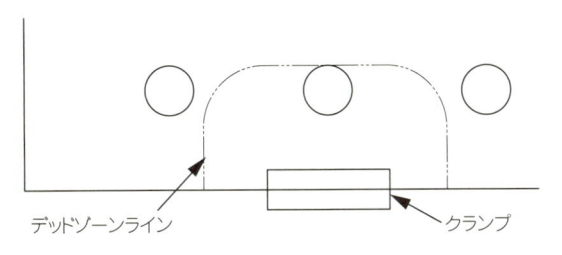

図3－142　デッドゾーンの回避

7.2　ＦＭＳ

ＦＭＳとは，Flexible Manufacturing Systemの英文の頭文字を取ったもので，生産を合理化するなかで**省人化**に重点をおくことにより生まれたシステムである。

板金FMSは当初，NCタレットパンチプレスを中心として，製品の同じような加工形状をグループ化して，まとめて加工することからはじまり，徐々にNC付きプレスブレーキにロボットを付けて加工する段階まで発展してきた。FMSは多品種少量生産の自動化，無人化をめざしたシステムである。

FMSは全体を中央制御コンピュータで管理しているが，一般的なシステムの流れは図3－143のような加工順序となる。

① 自動倉庫より必要な材料を選び出す。
② 挿入装置により材料をＮＣタレットパンチプレスへ取り付ける。
③ ＮＣタレットパンチプレスで穴あけ加工する。
④ 取出し装置で製品を取り出す。

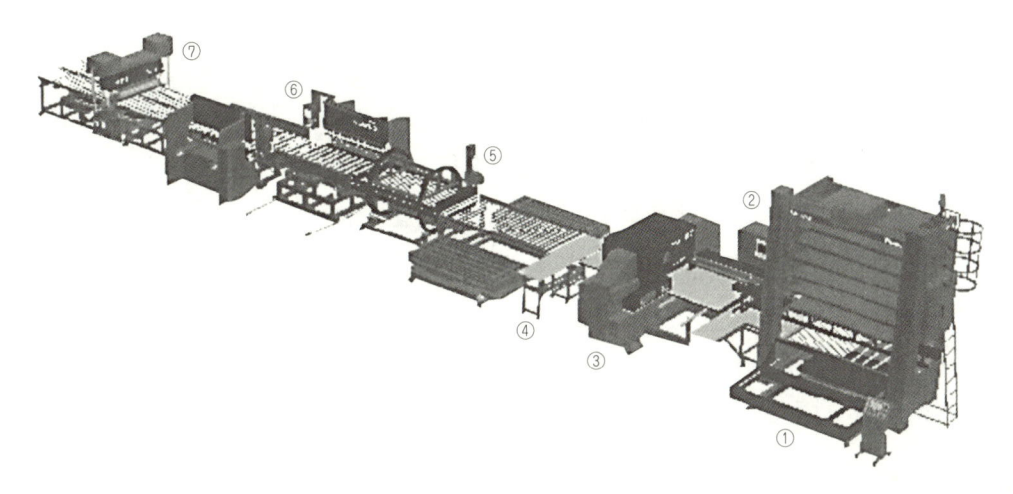

図3－143　FMSライン

⑤　製品を表裏反転する。
⑥　NCプレスブレーキやパネルベンダで曲げ加工する（ハンドリングロボットを使用する場合もある）。
⑦　自動搬送装置で製品倉庫又は溶接工程へ送る。

　板金FMSは以上のような工程を経るのが一般的である。しかしFMSシステムを計画することは，工場の面積，コンピュータのソフトの開発，開発期間，経費などの検討で大変な工数を必要とし，実施するのは容易でない。そのため簡便なミニFMSとして，**セルシステム**が多く実用化している（図3－144）。

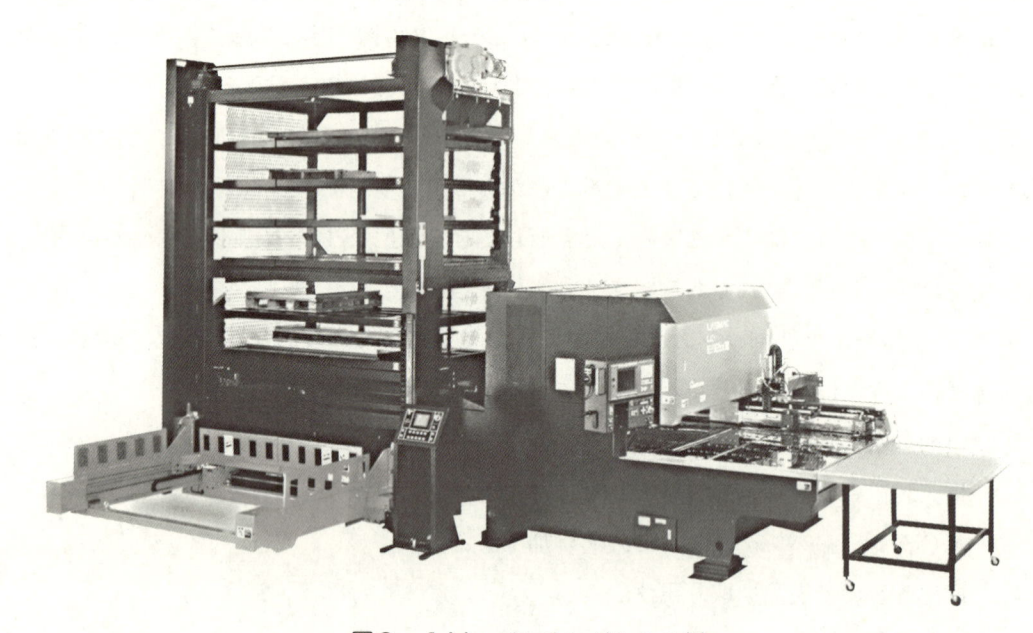

図3－144　パンチングセルの例

　セルシステムとは，製品を製造する全工程でなく，1種類のマシン本体（NCタレットパンチプレス，レーザ加工機又はNC付プレスブレーキ）に周辺装置（搬送，供給装置）とセルコントローラ（コンピュータ管理）のみを組み合わせた簡便なシステムをいう。

　FMSやセルシステムは，生産ロット，製品の大きさ，材質，加工形状，その他縦横の長さ，天井の高さ，柱，階段の位置，通路の幅，位置，機械の動作範囲などの制約をすべてクリアすることが絶対条件となるため，どうしても同じシステムはなく，個別仕様のFMSやセルシステムとなる。

第8節　測定法

8.1　二次元・三次元の寸法測定

　板金加工部品の検査には，傷，割れ，へこみなどの**外観検査**及び**寸法検査**がある。これらの検査は各工程ごとに行われることが望ましいが，経費の関係により最終工程でまとめて行うのが通例である。しかし，不良，寸法ミスなどを早く発見することができれば無駄な加工をしないですみ，工数の無駄もなくなる。したがって，できるだけ工程ごとに検査するほうがよい。

　板金部品の寸法検査の主なものは，**長さ**と**角度測定**である。

（1）長さの測定

　板金部品の長さ測定は部品の精度により次の測定器が選ばれる（図3－145）。

精　度	測定器
0.5mm	スチールスケール（鋼製直尺）
0.05mm	ノギス及びハイトゲージ
0.01mm	マイクロメータ

（a）ノギス　　　（b）ハイトゲージ　　　（c）マイクロメータ

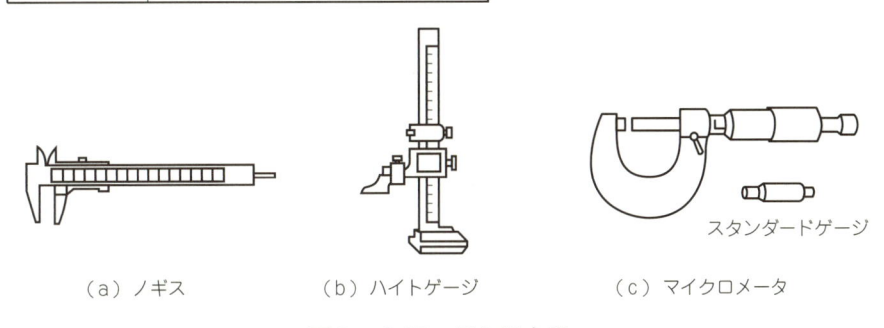

図3－145　長さ測定器

（2）角度の測定

　板金部品の角度の測定にはスコヤ（直角定規），**スチールプロトラクタ**（図3－146（a）），**ユニバーサルベベルプロトラクタ**（図（b））が使用されている。

（a）スチールプロトラクタ　　　（b）ユニバーサルベベルプロトラクタ

図3－146　角度測定器

一般に板金工場では，スチールプロトラクタの使用がほとんどである。ユニバーサルベベルプロトラクタはバーニヤ付きで，角度を5分単位まで測定できるが使用上複雑であるため，あまり使用されていない。

　試作品など精密な測定が必要な場合は，**三次元座標測定機**や**投影機**を使用している。

8.2　三次元座標測定機

　三次元座標測定機（図3-147）は，図3-148に示すように，**プローブ**（測定点検出器）が，互いに直角なX軸，Y軸，Z軸の各軸方向に移動し，空間座標値を読み取ることができ，形状の複雑な板金部品の穴位置や，直角度，同軸度を能率よく測定することができる。

図3-147　CNC三次元座標測定機

　また，三次元座標測定機には，コンピュータが付いており各種測定物の多数の座標値データを，目的に応じた統計処理を行い，プリンタで出表したり，生産された部品の品質及び工程の状態を常に管理することに活用されている。さらに納入部品については検査成績表を作成して部品とともに納入することもできる。

　プローブの接触により被測定部品にひずみが生じる場合や，薄い部品のためプローブがうまく接触しない場合にも対応できる**非接触方式**の

図3-148　プローブ（測定点検出器）

プローブも開発されている。

三次元座標測定機による測定例を以下に示す。

［例1　円の計算］

部品を測定機のテーブル上に取り付け，Z軸に取り付いているプローブをD面に接触させて，X寸法を「0」と記憶させ，プローブをE面に接触させY寸法を「0」と記憶させる。

操作盤のメニューの中から，「円」を選択して，プローブを円に3点（3点以上でもよい）接触させてX，Y寸法を読み取る。

　　A点付近の寸法X（100），Y（115），
　　B点付近の寸法X（85），Y（69.4），
　　C点付近の寸法X（115），Y（69.4）

を読み取り，コンピュータ計算により，円の直径30mm，中心位置X（100），Y（80）が表示される。

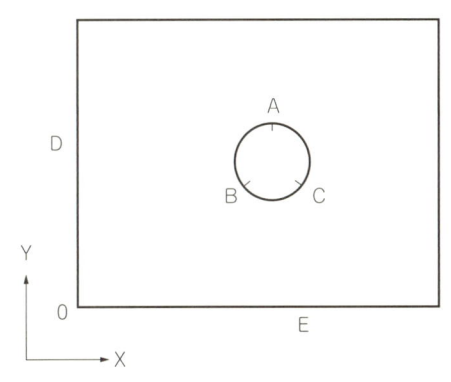

図3-149　円の計算

［例2　角度と交点の計算］

Z軸を無視してX，Y軸のみで角度と2辺の延長上の交点を計算させる。

部品を測定機のテーブルに取り付け，プローブを図面のA，B，C，D点のそれぞれのX，Y寸法を読み取る。

　　A点　X（50），Y（10）
　　B点　X（90），Y（10）
　　C点　X（71.56），Y（40）
　　D点　X（115），Y（70.7）

とすれば，自動的に辺ABと辺CDの角度は30°，辺ABと辺CDの延長上の交点PはX（15），Y（10）が表示される。

図3-150　角度と交点の計算

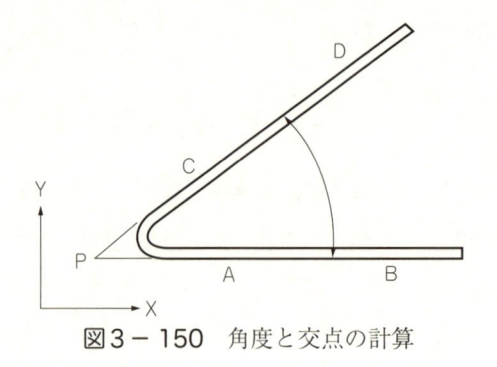

8.3　投　影　機

　板金部品の測定に使われる投影機は薄物や,小物部品で測定が困難なものを投影により,拡大し精密に測定するものである。光の当て方により上向き,下向き,横向きの形式があるが,板金部品の測定には上向き又は下向きが使われている（図3-151）。

　非接触のため薄物やひずみの起きやすいものに適しており,部品に光を当て,できたシルエットをスクリーンに映し出し,X,Y寸法はテーブルの移動量で,角度はスクリーンの回転角で測定する。以前はスクリーン上の寸法を測定して,レンズの倍率で割った数値で部品寸法を計算していたが,現在はデジタルカウンタに実際寸法が表示される方式になっている。

　X,Y寸法は,測定する部品の端面に基準線を合わせ,カウンタをリセットし,テーブルを測定する位置までX,Y方向に移動させ,カウンタに表示されている寸法を読み取る。

　角度の場合はスクリーンの基準線を測定線に合わせ,カウンタをリセットし,スクリーンを回転させて測定角度に合わせ,カウンタの表示角度を読み取る。

（a）上向き投影機　　　　　　　　（b）下向き投影機

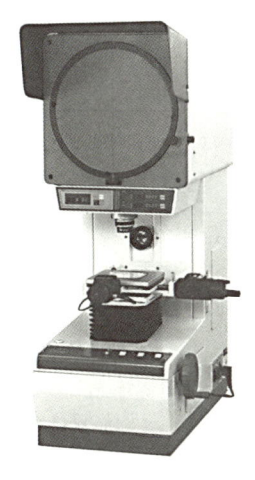

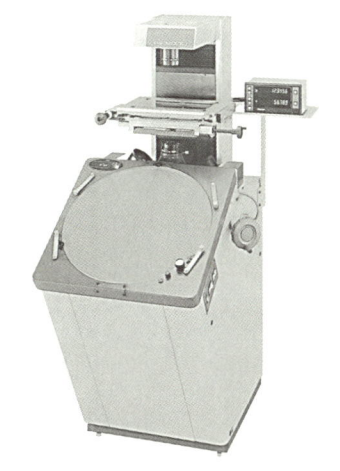

図3－151　投影機

第3章　学習のまとめ

　板金加工は，金属板材を成形開始時の素材として，切断，曲げ，打出し，絞り，ひずみ取り，仕上げなどの加工を行い板金製品を製作するもので，板金製品を完成させるために必要な加工方法，加工機械，加工システム，測定方法について学んだ。

練習問題

次の各問に答えなさい。

（1）直刃せん断機の刃先を示した下図のうち，C，α，β，θの名称を記しなさい。

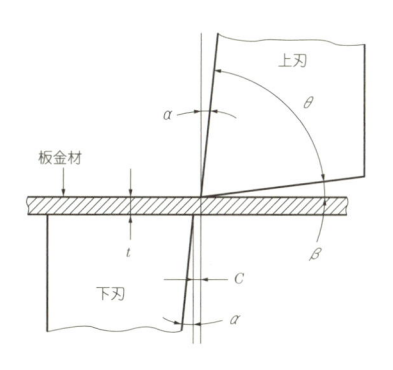

（2） 曲げ加工を行ったとき，曲げ加工力を除くと，板金材の弾性変形分が元に戻り，曲げ角度や曲げ半径が変化する現象は何と呼ばれるか。

（3） 板金材を折り曲げると，下図のように反りを生じるのはなぜか。

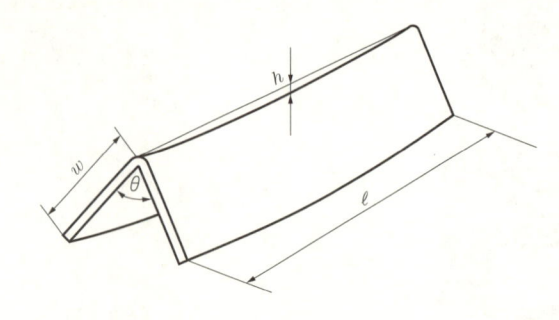

（4） 次の文章の中で，正しいものには○印を，誤っているものには×印をつけなさい。
① けがき線やポンチの跡は製品の外観に出ないようにする。
② 金切りはさみの柳刃を用いて，円形の切断を行うときは，刃の反りをけがき線の曲線方向と同じにして切断をする。
③ 直刃せん断機のシャー角は，せん断に要する力を小さくするためにつける。
④ かげたがねは，薄板の切断に用いる。
⑤ きゅうすえは，縮んでいる部分を加熱して伸ばし，ひずみを取る方法である。

第4章 接 合

金属の接合法には，ボルト締め，はぜ組み，リベット締めなどの機械的接合法と溶接，ろう付などの金属的接合法，接着剤などの化学的接合法がある。

この章では，はぜ組み，リベット締め，ろう付，接着剤について述べる。

第1節 はぜ組み

折曲げを利用した板金材接合法の一つで，亜鉛鉄板やぶりき板などの薄板の接合に広く行われており，図4-1に示すような形状のものがある。

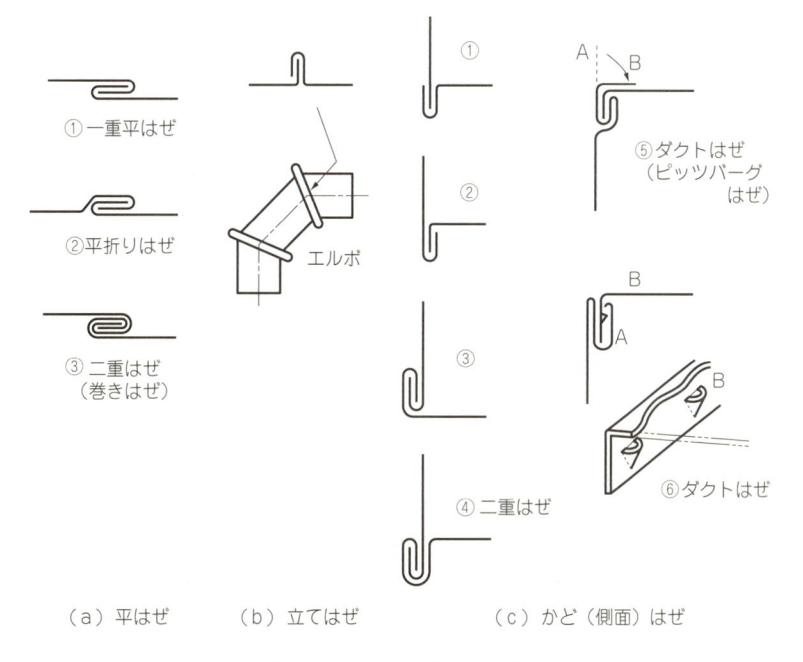

① 一重平はぜ
② 平折りはぜ
③ 二重はぜ（巻きはぜ）
④ 二重はぜ
⑤ ダクトはぜ（ピッツバーグはぜ）
⑥ ダクトはぜ

（a）平はぜ　　（b）立てはぜ　　（c）かど（側面）はぜ

図4-1　はぜ組みの種類

平はぜは，はぜ組みの基本で，一重はぜはその中でも最も単純な接合法である。実際に使用するときは，溝たがね又はかげたがねで段付けし，はぜが外れないようにする。これを**平折りはぜ**という。

立てはぜは，エルボの接続などに用いる。

かどはぜのうち，図（c）①～④は，缶詰の缶のような円筒容器の底やふたの接合に多

く用いられる。図（c）⑤は，**ピッツバーグはぜ**ともいわれる**ダクトはぜ**で，図のBを相手溝に差し込んでA部を曲げると接合が完了する。

また，図（c）⑥のダクトはぜは，Bを相手溝に差し込むとBの突起がAの折返し部に引っかかり，抜けなくなる。

円筒曲げにおいて，はぜ組みで接合するときは，図4－2に示すように，はぜ組みしろを取らなければならない。

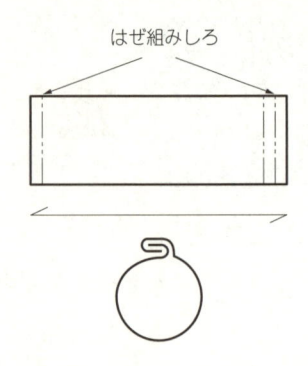

図4－2　円筒曲げのはぜ組み

第2節　リベット締め

2枚又はそれ以上の板材，若しくは板材と形材を重ね，**リベット（びょう）**で結合する方法で，びょう締め又はリベッティングともいわれる。

リベット締めは接合部の強さに信頼性があり，**強度計算**が容易なので車両，航空機などに利用されている。一方，他の製品では，溶接法の発達により，その利用範囲が減少し，溶接熱によるひずみの除去が困難な部品や，組織が変化し強度が低下する材料など，形状や材質的に他の接合法では困難な場合に用いられている。

しかし，溶接では，作業環境も悪いなどの問題があり，**筐体**加工などでは，リベット締めが見直されてきている。

2.1　リベット

（1）リベット

リベットの形状には，図4－3に示すようなものがあり，板金加工用には，丸リベット，皿リベット，薄平リベットなどが多く用いられる。

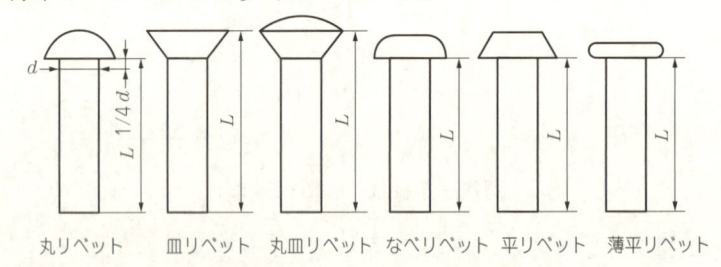

図4－3　リベットの種類

リベットの長さは，リベット穴に差し込んだときの板面からの長さLで表す。また，リベットの太さd（呼び径）は，リベットの頭部から，リベットの呼び径の$\frac{1}{4}$のところの径で表す。

リベットの材質には，軟鋼，銅，黄銅，アルミニウム及びその合金などがある。

（2） リベット継手

リベット継手には，図4－4に示すように，**重ね継手**と**突合せ継手**とがある。突合せ継手の場合には，その片側又は両側に目板（めいた）と称する板を当てる。目板の厚さは，片目板のときは，母材の厚みと同じ厚さのものを，両目板のときは，母材の厚みの60～70％の厚さのものを用いる。

並列　　　千鳥

重ね継手

片目板　　　両目板

突合せ継手

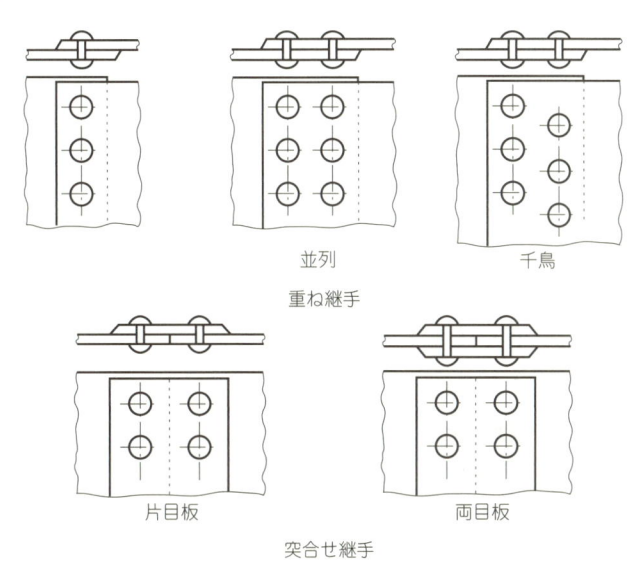

図4－4　リベット継手

（3） 板厚とリベット径

リベットの太さは，母材の厚さによって決める。板厚に比べ，リベット径が細すぎると，リベット締め部が弱くなるので，原則的には，母材の厚さより細い径のリベットは使用しない。

リベット径が太すぎると，母材の穴も大きくなり，母材の強度が低下する。

母材の厚さに対するリベット径は，圧力のかからない容器や煙突などの場合は，一般に，次の計算式によって求める。

$$d = \sqrt{50 \times t} - 4$$

　　ただし，d：リベット径（mm）

　　　　　t：母材の厚さ（mm）

（4） リベットの締めしろ

リベット締めにおいて，頭部を形成するのに必要な長さを，リベットの締めしろという。図4－5（a）に示すように，丸頭に形成する場合の締めしろxは，

$x = d \times (1.3 \sim 1.6)$

ただし，x：リベット締めしろ（mm）

d：リベット径（mm）

である。

したがって，母材の厚さの合計が T（mm）のとき，丸頭に成形するのに必要なリベットの長さ L（mm）は，

$L = T + (1.3 \sim 1.6) d$

となる。

また，図（b）に示すように，皿頭とするときのリベットの長さ L'（mm）は，

$L' = T + (0.8 \sim 1.2) d$

である。

以上のように，母材の厚さに対するリベット径，リベット長さがわかったら，その計算値に近い規格寸法のリベットを使用する。

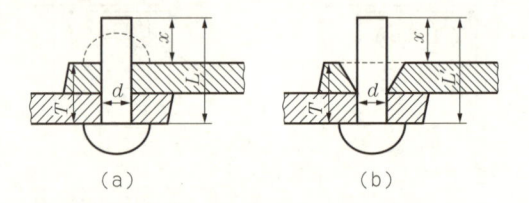

図4-5 リベットの締めしろ

(5) リベット穴の大きさ

リベット穴は，リベットの呼び径よりわずかに大きめにあける。

表4-1は一般的に用いられるリベット径と，リベット穴径の関係であり，常温加工の場合は，リベット呼び径より 0.2〜0.3mm 大きくし，高温加工のときは，加熱によりリベット径の膨張があるので，0.5〜1.5mm 大きくする。

表4-1 リベット穴径　　　　　（単位 mm）

作業別	常温加工					高温加工				
リベット呼び径	2	3	4	5	6	8	10	12	15	15〜40
穴径(mm)	2.2	3.2	4.2	5.3	6.3	8.5	11	13	16.5	呼び径より1.5〜2.0mm大きくする

(6) リベットのピッチ

リベット締めにおいて，リベットの**ピッチ**が大きいと，母材に比べリベットが弱すぎ，反対に，ピッチが小さすぎると，穴数が多くなって母材が弱くなる。

適切なリベットのピッチは，リベット継手の種類によって異なるが，図4－6に示す重ね継手においては，リベット継手の破壊から理論計算によって，次の式で求めることができる。

$$P = \frac{\pi}{4} \cdot \frac{d^2}{t} \cdot \frac{f_s}{f_t} + d$$

　　ただし，P：リベットのピッチ（mm）
　　　　　d：リベット径（mm）
　　　　　t：結合する板の厚さ（mm）
　　　　　f_s：リベットのせん断強さ（MPa）
　　　　　f_t：結合する板の引張強さ（MPa）
　　　　　$\frac{f_s}{f_t} = 0.75$ として計算する。

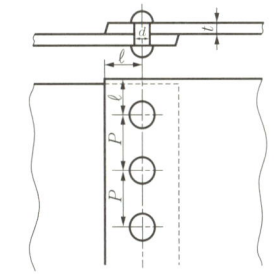

図4－6　リベットのピッチ

また，煙突などのように，板の結合だけを目的とするときは，一般に，

$$P = (8 \sim 10) \times d$$

　　ただし，P：リベットのピッチ（mm）
　　　　　　d：リベット径（mm）

の経験式が用いられ，リベットから板端までの距離 ℓ（図4－6）は，普通，リベット穴の中心からリベット呼び径の1.5～1.7倍としている。

2.2　リベット締めの作業

（1）リベット締め用工具

a．ドリフトポンチ

テーパの付いた丸棒で，**ぼろし**ともいわれる。リベット締めのとき，付近のリベット穴に打ち込んでおき，穴の食い違うのを防ぐほか，組立てのときの穴通しに用いる（図4－7（a））。

b．スナップ

リベット締めのとき，リベットの頭を成形するのに用いる（図（b））。

c．呼び出し

リベットを穴に差し込んだ後，リベット頭と板面，板面と板面とを密着させるのに用いる（図（c））。

d．当て盤

リベット穴に差し込んだリベットが，打撃によって抜けないようにしっかり押さえ，リベット締めが確実に行われるために用いるもので，てこ当て盤，棒当て盤などがある（図（d））。

e．テーパリーマ

重ねた板のリベット穴が食い違ったとき，又は穴の拡大や穴さらいのときに用いる（図（e））。

　　　　　（a）ドリフトポンチ　　　　（b）スナップ

　　　　　　　　　　　　　　　　　　　　（c）呼び出し

　　てこ当て盤
　棒当て盤　　　　　　　　　（e）テーパリーマ
　　（d）当て盤

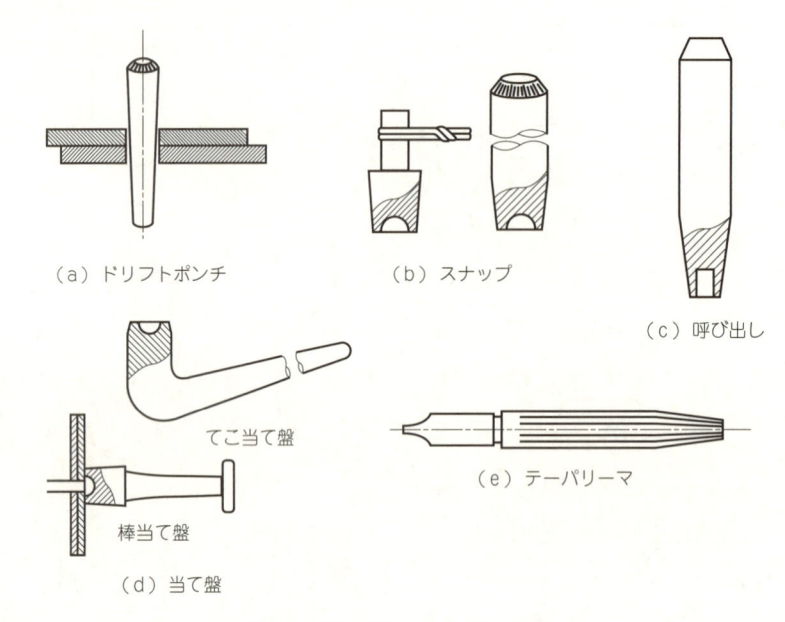

図4－7　リベット締め工具

(2) 手打ち法

手打ちは，主に小径で，少数のリベット締めの場合に行われ，作業は図4－8に示すような手順で行われる。

① リベットを，リベット穴に差し込む。
② リベット頭に，当て盤を用いる。
③ 呼び出しを用い，リベット頭と板面，板面と板面を密着させる。
④ リベットの脚部を，ハンマで上からたたき，リベット頭部をおおよその形に成形する。
⑤ スナップを用いて，リベット頭を成形する。

(3) 片面からのリベット締め

普通，リベット締めは，リベットを板の反対側から差し込み，裏に当て盤を当てることが必要であるが，図4－9に示すような形式のリベットを用いると，片面からの操作だけでリベット締めができる。

まず，リベット穴をあけ，リベットを差し込み，シャフトを専用のリベッターで引きちぎれるまで引っ張ることによって，反対側に手の入らない箇所のリベット締めを行うことができる。

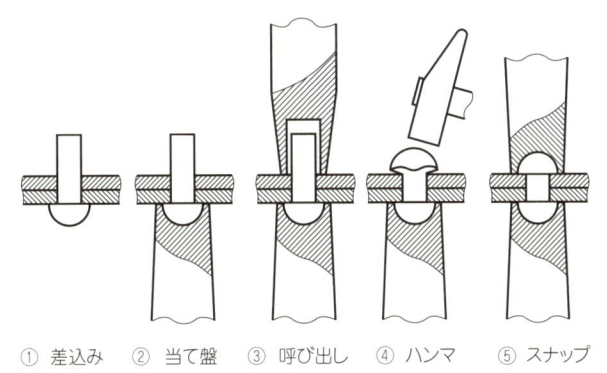

① 差込み　② 当て盤　③ 呼び出し　④ ハンマ　⑤ スナップ

図4-8　手打ち法

手の入らない側←　　→手の入る側

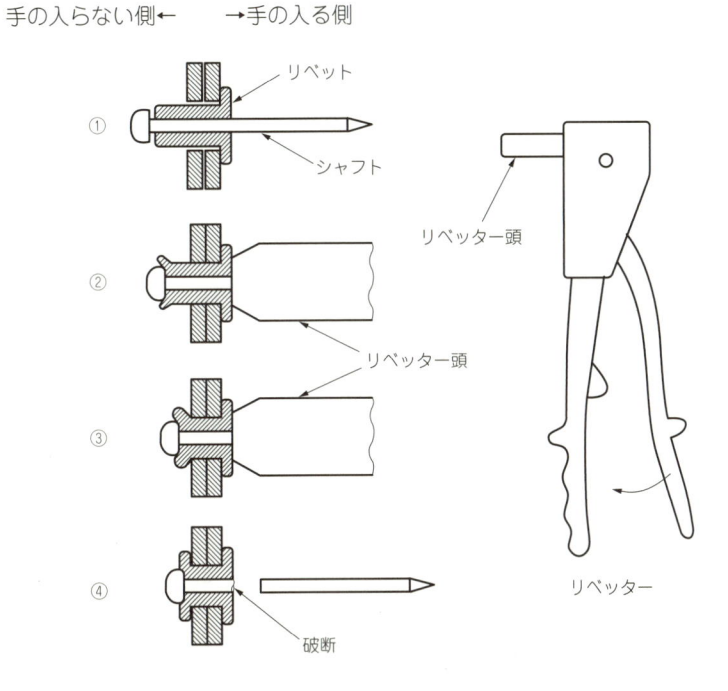

図4-9　片面からのリベット締め

第3節　ろ　う　付

　ろう付は，結合すべき金属の接合面に，それより溶融点の低い金属又は合金を溶融，添加して接合する方法で，この場合，添加する金属又は合金を**ろう**という。

　ろう付は，母材金属の溶融点よりも低い温度で行うので，溶接では接合困難な薄物，細線に適用することができ，また，割れ，寸法の狂い，ひずみの発生が少なく，仕上がりがきれいで，仕上げが容易であるなどの特徴がある。

ろうは，その溶融点により，**軟ろう**と**硬ろう**に分けられ，450℃より低い温度で溶けるものを軟ろう，450℃より高い温度で溶けるものを硬ろうという。

軟ろうの代表的なものは**はんだ**で，軟ろう付は，はんだ付を意味する。はんだ付は，薄い金属板の接合や，電気配線の接合に多く用いられ，作業は，こてによることが多い。

硬ろうには**黄銅ろう**，**銀ろう**などがあり，硬ろう付は，金属板や管の接合に用いられ，作業は，ガスバーナや炉中で行われることが多い。

3.1　はんだ付

（1）はんだ

はんだは鉛（Pb）とすず（Sn）の合金で，白い色をしているので白ろうともいわれ，亜鉛鉄板やぶりきなどの薄板の接合に用いられる。接合はあまり強くなく，100℃以上の温度で使用すると，著しく強さが低下する。

はんだの溶融温度は，鉛，すずの成分割合によって異なり，図4−10に示すように，すず63%，鉛37%（これを共晶はんだという）のとき最低で183℃であり，液状からすぐ固体になるが，それ以外の成分割合では，183℃より高く，液体から半溶融状態を経て固体となる。特に，鉛が多くなるほど溶融温度が高くなり，半溶融状態域も広く，酸化しやすいので，はんだ付は困難になる。

また，鉛は人体に有害なので，飲食に供する容器のはんだ付には，**鉛フリーはんだ**（鉛分0.1%以下）を用いなければならない。

はんだの引張強さは，共晶はんだ（すず63%，鉛37%）が最も大きく，約49MPaで，伸びはすず50%，鉛50%のはんだが最もよい。

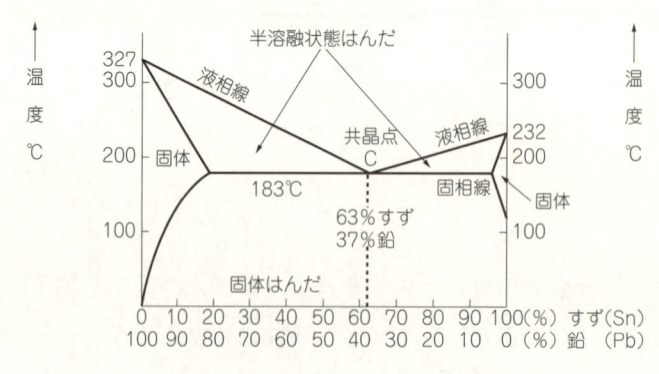

図4−10　はんだの状態図

（2）はんだ付用溶剤

はんだ付用溶剤は，金属酸化物の薄い膜を除去するものであり，次のものがある。

a．塩酸

　濃塩酸を2～3倍の水に薄め，希塩酸として，亜鉛鉄板や亜鉛のはんだ付に用いる。

　塩酸は，亜鉛と化合して塩化亜鉛となり，溶剤の役目をするので，亜鉛鉄板や亜鉛以外の金属に使用しても，溶剤としての役目はしない。

　b．塩化亜鉛

　白色粉末状の塩化亜鉛を水に溶かして使用するか，希塩酸を陶器又はガラス製の容器に入れ，これに亜鉛又は亜鉛鉄板の切れ端を投入し，反応させて塩化亜鉛とする。

　塩化亜鉛は，主として，銅板，黄銅板，ぶりき板などのはんだ付用溶剤として用いられる。**腐食性**が強いので，はんだ付後は，水洗いして，溶剤を完全に取り除いておくことが必要である。

　c．塩化アンモニウム

　粉末又は塊状の酸性化合物で，加熱すると気化する。水に溶かし，銅板のはんだ付用溶剤として用いられる。

　塩化亜鉛と塩化アンモニウムの混合物は，酸化膜の除去作用が大きく，腐食性が少ない優れた溶剤である。

　塩化亜鉛と塩化アンモニウムに塩化第1すずなどの混合物を水に溶かしたものは，ステンレス鋼板の溶剤として用いられる。

　d．松やに（樹脂）

　松やには，80～100℃で溶ける。酸化膜の除去作用は弱いが，腐食性が少なく，無害なので，通信機や飲食器などにおける銅，黄銅のはんだ付に用いられる。

　e．ペースト

　塩化亜鉛，松やに，グリセリンなどを混合したのり状のもので，酸化膜の除去作用が強く，腐食性が比較的少ないので，小物細工，通信機などの配線のはんだ付のときに用いられる。

　（3）はんだごて

　板金のはんだ付には，主に焼きごてが使われるが，このほか，電気ごて，ガスごてがある。

　こての頭部には，銅が用いられる。これは，銅が熱伝導がよく，はんだとの**親和力**が強く，はんだが溶着しやすいからである。

　図4－11に示すように，おの形とやり形がある。

　こての大きさは，**頭部の質量**で表し，板金作業用としては，普通，250～500 gの大きさのものが使われる。

第4章　接　　合

加熱されたこては，単にはんだを溶かすだけでなく，**母材**（接合部金属）を温め，はんだを接合部のすみずみまで，十分に溶け込ませる役目があるので，接合部の板厚，状態に適した大きさのものを選ぶ。

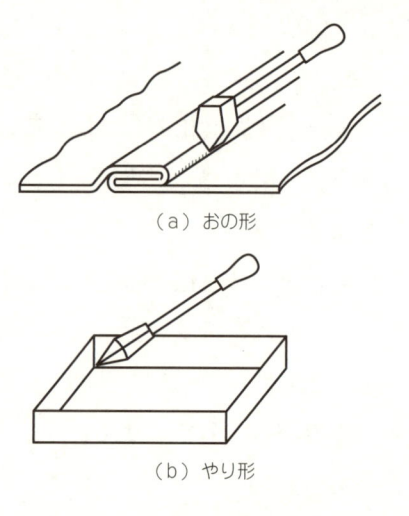

(4) はんだ付作業

　a．はんだ付面の清浄

　溶剤は，金属酸化物の薄い膜を除去するものであり，ごみ，錆，油脂の取り除きはできない。

　はんだ付接合部は，ワイヤブラシ，布やすり又は酸洗いにより，ごみ，錆，油，塗料などを完全に取り除く。はんだ付の成否は，接合部の清浄によっても左右される。

図4-11 はんだごての形状

　b．はんだ及び溶剤の選択

　はんだ付をする材質に適したはんだ，溶剤を選ぶことが大切である。

　溶剤は，細筆か細い棒を用い，接合部に十分に，かつ，幅狭く塗布し，溶剤が乾かないうちにはんだ付を開始する。

　c．はんだごての加熱

　こての表面は滑らかにし，角部，先端部には丸みを持たせ，炭火，トーチランプ，プロパンガス炎などで加熱する。

　こての加熱温度は，200〜250℃が適当で，温度が適当なときは，こてに溶着させたはんだは光沢のある**銀白色**となり，温度が高すぎるときは，溶着したはんだは酸化して**灰色**となる。温度が低いときは，はんだが半溶融状で流動性がない。

　d．はんだ付

　加熱したこてを塩化亜鉛水の中に入れ，加熱中に生じた酸化物を除き，はんだをこてに溶着させる。

　はんだの溶着したこてを接合部に当て，こての温度で接合部を温め，こてに溶着しているはんだが接合部に移ったら，静かにこてを移動させて，はんだを伸ばしながら，接合部に十分浸み込ませる。

　こての温度が下がったら，再びこてを加熱して，はんだ付を続けていく。

　e．はんだ付後の処理

　はんだ付後，溶剤による接合部の腐食を避けるため，水洗いをして溶剤を取り除くか，

ぬれた布でよくふき取っておく。

　f．その他注意すること

　はんだ付部が，厚いものと薄いもの，又は大きなものと小さなもののように，**熱容量**の異なるときは，厚いもの，大きいもののほうを基準にして熱容量を決め，厚いもの，大きいものを，あらかじめ100℃くらいに温めておく。これを，はんだ付における**予熱**という。

　また，はんだ付作業では，はんだ付がしやすいように，あらかじめ，はんだ付部にはんだをめっきしておくことがある。これを**予備はんだ**という。

　はんだ付部は，**突合せ継手**は避け，なるべく**重ね継手**とする。この場合の材料間のすきまは，大きすぎると接合力が弱くなり，また，あまり強く密着すると，はんだが接合部に十分行きわたらなくなることもあり，一般に，接合部のはんだの厚さが0.1～0.2mm程度のとき，最も強い接合力が得られるといわれている。

3.2　硬ろう付

（1）硬ろう

　a．銅及び銅合金ろう

　銅及び**銅合金ろう**は，鋼，鋳鉄，銅，銅合金などの接合に広く用いられ，形状は帯状，線状，棒状，粒状及び粉末状のものが用いられ，色は黄色から白色まで各種のものがある。

　b．銀ろう

　銀を含むろうを総称して**銀ろう**という。その種類には各種のものがあるが，普通，銀を主成分とし銅と亜鉛を加えたものや，さらにカドミウム，ニッケルを加えたものである。

　一般に銀ろうは銀白色で美しく，溶融点が低く，流動性がよく，微細なすきまに浸透し，ろう付部は平滑で，仕上げに要する手間も省けるので，銀ろうは他のろう材に比べ高価であるが，鋼，黄銅，銅などのろう付に広く使用される。

　c．アルミニウム合金ろう

　アルミニウム及びアルミニウム合金のろう付に用いられるろうで，アルミニウムにけい素又は銅を加え溶融点を低くしたものである。

　d．その他の硬ろう

　硬ろうには，銅及び銅合金ろう，銀ろう，アルミニウム合金ろうのほかに，耐熱ろうとして電子部品や原子力設備などに用いるニッケル，クロム，ほう素，けい素などを主成分とするニッケルろう，また貴金属のろう付用として金ろうがある。

（2）硬ろう付用溶剤

a．ほう砂

・白色で半透明の粉末で，加熱により760℃で流動性となる。

・金属酸化物を溶解するので，硬ろう付溶剤として広く用いられる。

　普通のほう砂は加熱すると泡立ち，ろう付作業の妨げとなるので，一度焼いてガラス状とし，これを粉末にして焼きほう砂とするか，3倍ぐらいの水に入れ，煮てあめ状とし，冷却結晶させた煮ほう砂として用いる。

　ほう砂は，流動性をよくし溶融点を下げるため，ほう酸，食塩，炭酸ソーダ，か性カリなどと混ぜて使用する。

b．ほう酸

・白色片状の結晶で，温水によく溶ける。

・酸化物を除去する作用があり，高温度において流動性がよい。

・単独で使用することが少なく，ほう砂と混ぜて使われる。

（3）硬ろう付作業

　硬ろう付には，炉中ろう付，高周波ろう付，真空ろう付などさまざまあるが，板金加工では主として酸素－アセチレン吹管による火炎を用いる方法が行われる。

　酸素－アセチレン吹管の火炎を用いる硬ろう付作業の要点を以下に示す。

① ワイヤブラシ，布やすりなどで接合部の錆，油，塗料などを除去し，清浄にする。

② ろう付作業中，材料が動いたり，ろう付部が開かないようジグ，クランプなどで保持，密着させる。

③ ろう付部を加熱し，適温になったら溶剤を接合部に塗布する。

　　溶剤が溶けてガラス状となり接合部を覆うようになったら，ろう材を接合部に溶かし込む。このときろう材を溶かすのに必要な熱は接合部からとるようにする。

　　接合部の重なりが広いときは接合部内面にろう材を薄く伸ばし，溶剤とともに入れ，これを加熱し圧力を加えて接合する。

④ ろう付が終わったら，接合部の溶剤は除去しておく。

⑤ 接合部は，突合せ継手は避け，重ね継手又はＴ継手とし，接合面積はなるべく多く取るようにし，板と板の重ねしろは板厚の3倍以上が必要で，重ねのすきまは0.05～3mmぐらいとする。

第4節　接　着　剤

　接着剤による接合は，航空機や自動車の組立てなどに用いられ，リベット締めやボルト締めのような前加工を必要とせず，溶接やろう付などのように熱的影響を受けない。また**異種金属**の接合が容易などの利点がある。しかし機械的接合では－200～1000℃の環境を耐えるのに対し，接着接合では通常－40～150℃程度までしか耐えられず**耐熱性**，**耐寒性**が劣る。

4.1　エポキシ樹脂系接着剤

　一般に**主剤**と**硬化剤**で構成される**二液型**のものが多く用いられる。使用する前に二液を混合させてから接着する面に塗布し，接着面同士を合わせて硬化するまで待つ。また，塗布する面の表面処理が接着性を左右するので，表面を80～200番程度の研磨紙などで研磨処理し，シンナー類で脱脂処理をする。図4－11に自動車のタイヤハウス周辺の接合を示す。接着部の固定に時間を要するので，接合には**スポット溶接**を併用し，固定時間の短縮と強度の補強をしている。

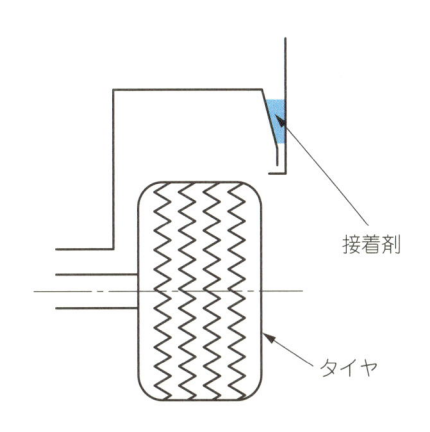

図4－12　タイヤハウス周辺の接合

4.2　シアノアクリレート系接着剤

　この接着剤は，被着剤表面の水分が**触媒**となって，室温でも秒単位で硬化して接着が行われるため，**瞬間接着剤**と呼ばれている。湿度の低い冬場では水分が少なく硬化が遅くなり，湿度の高い夏場は硬化が速い。また，一度接着剤のふたを開けると短期間で容器内部も硬化しやすい。液状タイプや，垂直面でも垂れにくく大きな隙間にも塗布しやすいゲル化タイプがある。

> **第4章　学習のまとめ**
>
> 　この章では，機械的接合法としてのはぜ組み及びリベット締め，金属的接合法としてのろう付，化学的接合法としての接着剤について，方法，使用工具や作業のポイントなどについて学んだ。

練習問題

次の文章の中で，正しいものには○印を，誤っているものには×印をつけなさい。

（1）　はぜ組みの基本は平はぜだが，実際にも平折りはぜの状態で使用される。
（2）　リベットの長さは，一般に全長で表す。
（3）　ドリフトポンチは，重ねた板のリベット穴が食い違ったときに穴を広げるために使う。
（4）　ろう付用の溶剤は，接合部の酸化物を除く働きがあるので，ろう付後も取り除かない。
（5）　瞬間接着剤は，夏場は硬化が速く，冬場は硬化が遅い。

第5章 プレス加工の概要と特徴

　金属板材を成形開始時の素材とし，製品の寸法や形状に直接対応した金型を用いて加工材料を所定の形状に加工する方法を板材の**プレス加工**という。プレス加工は通常，プレス機械のスライドに取り付けられた金型によって行われ，金型の上下1回の往復によって成形が終了する。スライドの往復回数が毎分千数百回にも達するプレス機械もあり，きわめて生産性の高い加工法である。成形開始時の素材形状が金属の塊の場合もあるが，これは**鍛造**と呼ばれる。

　この章では，金属板材のプレス加工における基本的加工法の概要と特徴について述べる。

第1節　プレス加工の概要

　プレス加工は金型形状を加工材料に転写する技術ともいえることから，いったん金型ができ上がってしまえばきわめて生産性の高い加工法である。このことから自動車の車体外板の成形をはじめとし，広い分野で多量生産の手段として重要な加工法となっている。また，鍛造など各種プレス加工の中でも金属板材のせん断・曲げ・成形加工といった板材のプレス加工は最も広く行われている。

（1）せ ん 断

　加工材料を切断する方法としては，切削，溶断，放電，腐食，せん断などがある。このうちせん断による切断法は，上下金型に圧縮力を加え，加工材料にせん断変形を起こして破壊分離させる**切断加工法**である。切削のように切りくずを発生せず，溶断のように熱源を必要とせず，放電のように電源を必要とせず，腐食のように化学反応を必要としない切断加工法である。

（2）曲　　げ

　加工材料に曲げ変形を与えて，各種断面形状の製品を得る加工法である。1箇所の曲げによって製品となる**V曲げ加工**は板材の曲げ加工の中で最も基本的なものであり，最も多く行われている。

　V曲げ加工と呼ばれるのは，曲げられた後の製品断面形状がV字形状をしているためで

ある。同様に，**U曲げ加工**は2箇所を同時に曲げてU字形断面にするものであり，**ハット曲げ**では4箇所の曲げ部を持つ。

板材の曲げ加工は**直線フランジ成形**とも呼ばれる。これは曲げ線が直線であることを意味する。曲げ線が曲線になると，曲げ変形部以外にも縮み変形や伸び変形が発生する。このような変形が生じる加工は曲げ加工とは区別され，**成形加工**と呼ばれる。

（3）成形加工

金属板材の板面に縮み変形や伸び変形を与え，継ぎ目なしで容器状に立体化成形する加工法を成形加工という。古くは成形加工を総称して**絞り加工**と呼んでいたが，プレス加工の研究が進むにつれて深絞り成形，張出し成形，伸びフランジ成形に区分されてきた。

第2節　プレス加工の特徴

プレス加工にはさまざまな特徴があるが，それらを列挙すると次のようになる。

① 生産性のきわめて高い加工法である。

　プレス加工の生産性は他の金属加工法に比べてずば抜けて高い。毎分千数百回も加工可能な高速プレスや，金型内での加工材料の搬送を自動化したトランスファ加工，順送り型などの使用によってさらに生産性は向上している。

② 多量生産に適した加工法である。

　プレス加工の技術的要素の大部分は金型に作りこまれる。したがって，完成した金型があれば，金型に作りこまれた特性を加工材料に転写することになり，均一で高精度な多量生産が可能となる。

③ 経済的な加工法である。

　板材のプレス加工をはじめとした塑性加工は，加工材料を変形させることによって所定形状にする加工法である。したがって，切削加工のように余分なところを削り取って所定形状を得る加工法に比べて大幅な材料節約となる。

④ 材質改善が可能である。

　金属材料を変形させると加工硬化が生じて加工前よりも強くなる。この加工硬化現象を利用して，成形後の製品特性の向上が可能である。

⑤ 金型が必要である。

　プレス加工の高生産性，均一性は金型によってもたらされているともいえるが，金型は個々の製品に直接対応したものであり，製品が変われば金型も新しく作り変えなければならない。金型設計・製作には多くの時間と経験が必要とされ，経費もかさむ。

金型設計・製作に要する時間とコスト削減のために，CAD／CAMシステムの活用が広く普及している。また，金型を使用しないNC塑性加工法も開発されてきている。
⑥　多品種少量生産に不向きな加工法である。
　　プレス加工は金型を使用するため，その設計・製作に時間を要するとともに，プレス機械への金型の取付け，取外しにも時間を要する。このため少量生産になると加工時間に対する段取り時間の割合が大きくなり不向きとなる。
⑦　危険を伴う作業である。
　　プレス機械の動きは単純な上下往復運動であり，しかもその動く範囲や速さは加工中一定の周期をもっており，他の工作機械などと比べて特に危険な機械とはいえない。しかし，事故が起きると被害の程度が大きいことから種々の安全対策が施されてきた。身体の一部が危険限界に入るとプレス機械が急停止する構造や，囲いや安全柵などを施し，身体が危険限界に入らないような構造とするなどの対策がとられている。

第5章　学習のまとめ

　金属板材を成形開始時の加工材料とし，製品の寸法や形状に直接対応した金型を用いて金属板材を加工するプレス加工の概要と特徴を学んだ。金属板材のプレス加工はせん断，曲げ，成形加工に大別される。

　プレス加工の特徴としては，生産性が高い，多量生産に向く，経済的である，材質改善が可能などが挙げられる。反面，金型が必要，多品種少量生産に不向き，危険を伴うなどの面もある。

練習問題

次の各問に答えなさい。
（1）　せん断変形を利用して加工材料を切断する方法は何と呼ばれるか。
（2）　V曲げ，U曲げなどのV，Uは何をさしているか。
（3）　プレス加工によって金属板材を継ぎ目なしで容器状に立体化成形する加工法は何と呼ばれるか。
（4）　プレス加工の優れた特徴を三つあげなさい。

第6章 プレス機械

プレス機械とは，機械に取り付けた一対の金型（プレス型）を用い，それらの金型間に加工材料を置き，金型に往復運動を与え加工材料へ力を加えて成形加工をする機械の総称である。

成形時に，加工材料へ加えられる力は，プレス機械自体で支えられるように設計されている。

複数のプレス機械を組み合わせることや，1台の大型プレス機械の中で工程を複数に分けることで，複雑な形状も加工を可能にできる。

ここでは，プレス機械の種類別構造や機能の概要と特徴について述べる。

第1節　プレス機械の種類

プレス機械は，動力源，スライドの駆動機構，フレームの形式や用途，その他により分けられ，一般に図6－1のように分類される。

```
              ┌─ クランクプレス
              ├─ クランクレスプレス
   ┌ 機械式プレス ┼─ ナックルプレス
   │          ├─ フリクションプレス
プレス┤          ├─ サーボプレス
   │          └─ リニアモータプレス
   │          ┌─ 油圧プレス
   └ 液圧式プレス ┤
              └─ 水圧プレス
```

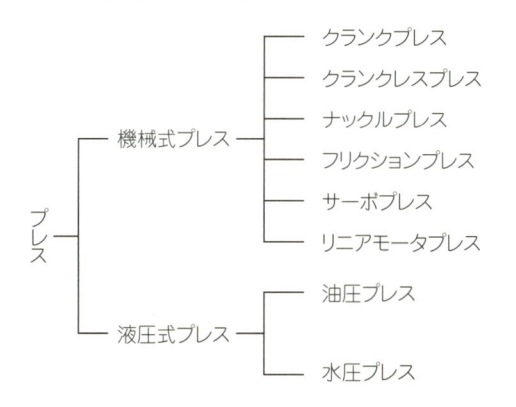

図6－1　プレス機械の分類（動力源）

これらに分類されたプレスは，図6－2に示すようなフレームの形式から，C形プレス，ストレートサイド形プレス，四柱形プレス，アーチ形プレスに分けられ，また，図6－3に示すようにスライドの数から，**単動プレス**，スライドが2個の**複動プレス**及び3個の**三動プレス**などに分けられ，また，用途別に作られているものなど，特殊なものを加えるとさらに多くなる。

図6-2　プレスのフレーム形式

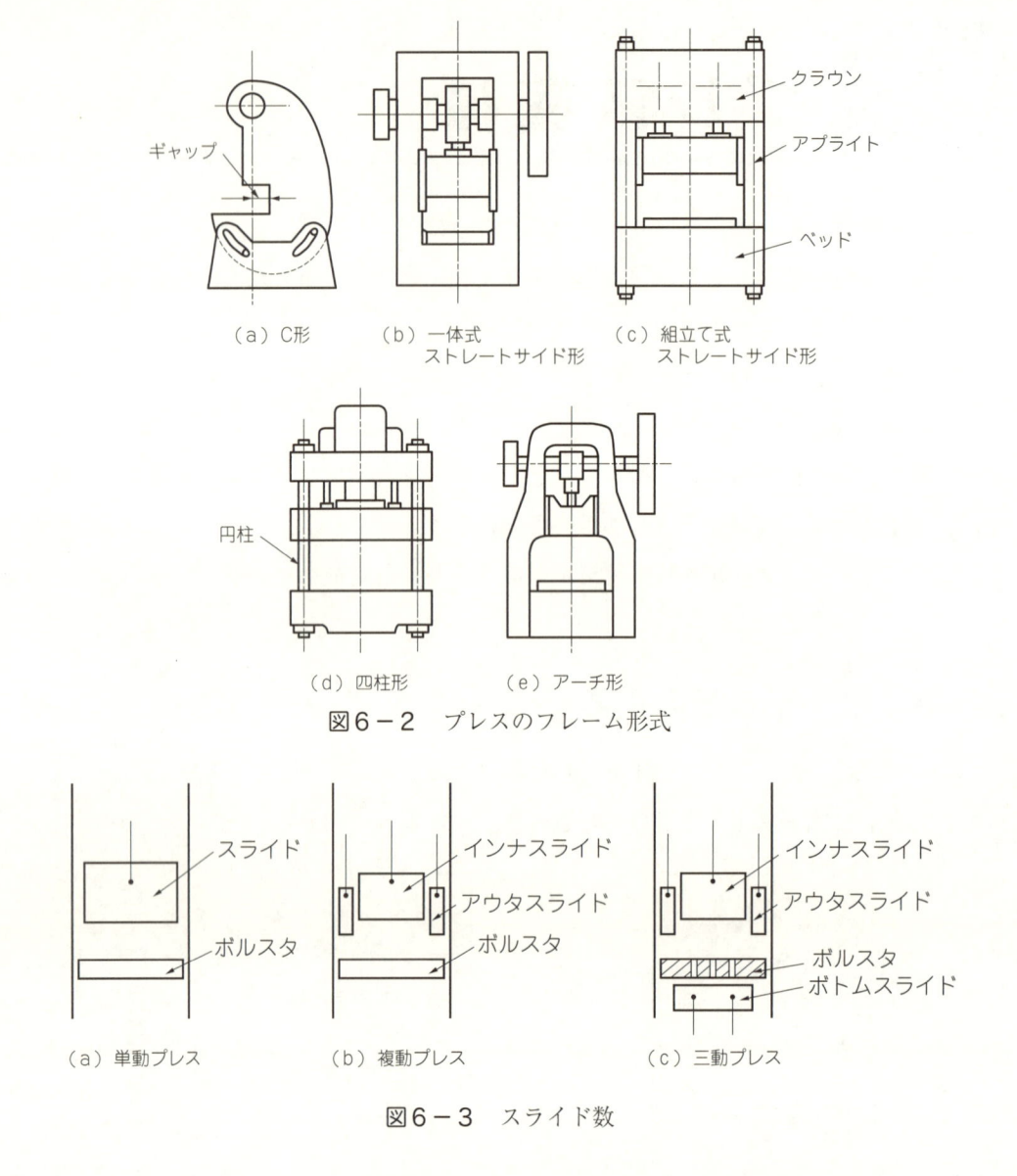

図6-3　スライド数

第2節　機械式プレス

機械式プレスは，そのスライド駆動機構によって，クランクプレス，クランクレスプレス，ナックルプレス，フリクションプレス，サーボプレス，リニアモータプレスなどに分けられるが，機械式プレスの大部分は，**クランクプレス**である。

2.1　クランクプレス

スライドの駆動にクランク機構を利用したもので，図6-4（a）は，C形フレームの

クランクプレスである。

図（b）に主要部分の名称を示す。

クランクプレスは，打抜き，曲げ，絞りなど，プレス加工全般に使用される。

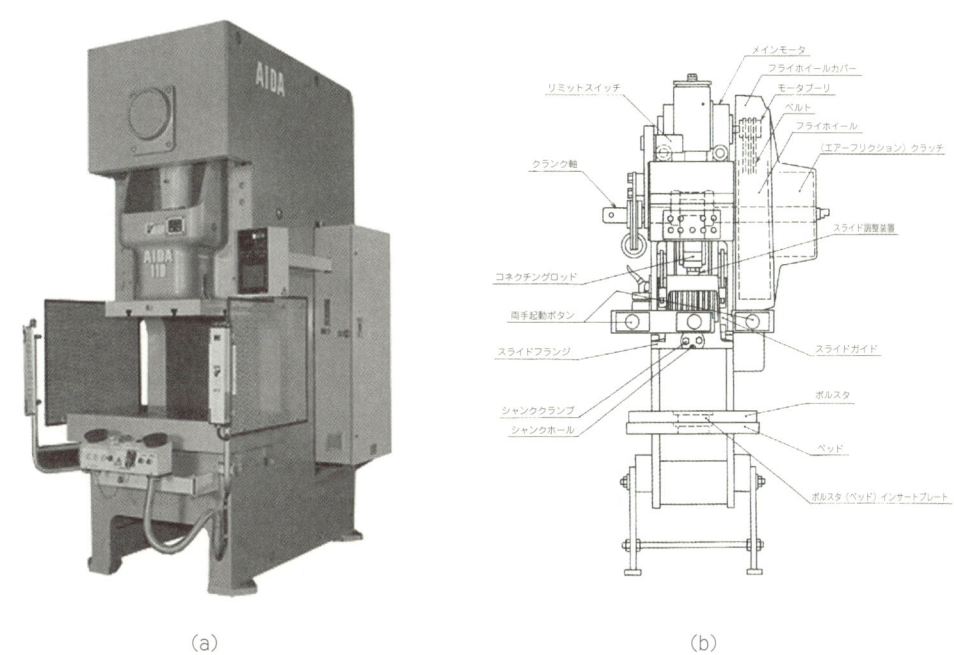

(a)　　　　　　　　　　　　(b)

図6－4　クランクプレス

（1）駆動機構

スライドの駆動は，モータにより**フライホイール（はずみ車）**を回転させて回転エネルギーを蓄え，クラッチを入れることにより，クランク軸とフライホイールを連結させて，クランク軸を回転させ，コネクチングロッドを介して，スライドを下降させる。

クラッチを外すと，フライホイールは空転し，ブレーキの働きによって，クランク軸は上死点で停止する。

C形フレームのプレスでは，加圧力が大きくなると，フレームに図6－5に示すようなたわみが生じて，型合わせが悪くなり，型をかじったりするので，加圧力が大きいプレスでは，ストレートサイドフレームを使用したストレートサイド形プレスを用いる（図6－6）。

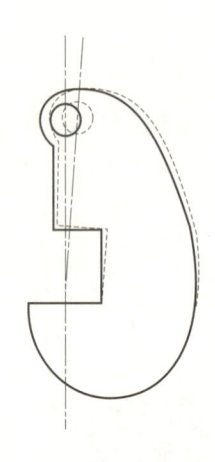

図6-5　C形フレームのたわみ 　　　　　図6-6　ストレートサイド形プレス

クランク機構は，構造が簡単であるが，**ストローク**（スライドの上下運動行程）があまり長くできず，また，剛性にも問題があるので，加圧力が大きく，ストローク長さが長いことが必要なプレスは，クランクレス機構を用いたストレートサイド形プレスとする。

クランクレス機構の原理は，クランク機構と同じで，回転運動を直線運動に変えるものであるが，クランク軸を使わず，図6-7に示すように，コネクチングロッドの一端を，直接，歯車に取り付け回転させるもので，剛性が大きく，ストローク長さを長くすることができる。

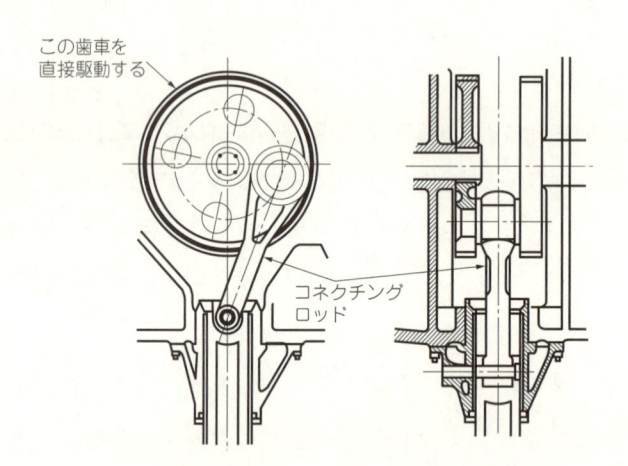

図6-7　クランクレス機構

(2)　クラッチとブレーキ

クラッチ及びブレーキは，プレスの運転を制御する組合せ要素で，災害の防止，品質及び生産の向上にとって重要な部品である。

プレスのクラッチには，**確動式（ポジティブ）クラッチ**と**摩擦式（フリクション）クラッチ**があり，最近では摩擦式（フリクション）クラッチが使われている。確動式クラッチに

は各種形式のものがあるが，図6-8に示す**滑動（スライディング）ピンクラッチ**と**回転（ローリング）キークラッチ**が多い。

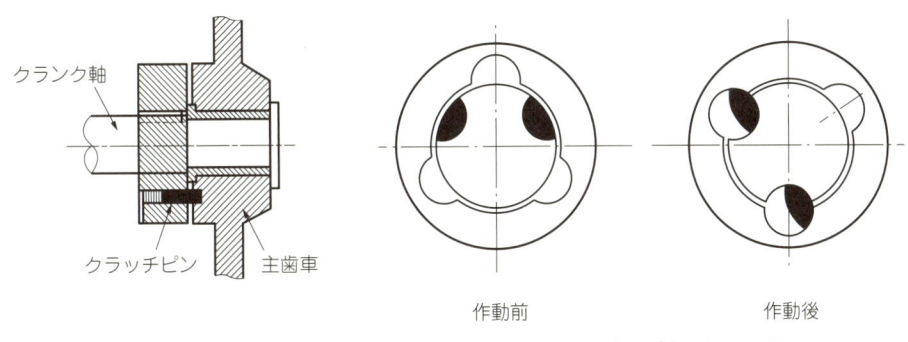

（a）スライディングピンクラッチ　　　（b）ローリングキークラッチ

図6-8　確動式（ポジティブ）クラッチ

　確動式クラッチは，一般に，構造が簡単で製作費が安いが，作動が遅く，また，クランク軸の回転を任意な位置で停止させたり，非常停止や寸動させることができず，安全確保から中小型機にも，摩擦式クラッチが多用されている。

　摩擦式クラッチは，摩擦板を使用したもので，大きな回転力の伝達に適しており，衝撃を伴わないので，高速運転に適し，自由な位置でスライドが停止でき，非常停止，寸動も可能で，遠隔操作も容易に行えるなど，優れた面を多くもっている。

　ブレーキは，クラッチを外したときに，クランク軸が惰性的に回転を続けないように設けられるもので，確動式クラッチをもった中小型機には，シューブレーキ（図6-9）が多く用いられ，摩擦式クラッチをもったプレスには，摩擦式ブレーキが多く用いられる。

　図6-10は，クラッチとブレーキを一体化した，空圧式摩擦クラッチブレーキの構造を示したもので，電磁バルブを作動させて圧縮空気を送ると，ブレーキが外れると同時にクラッチが入り，圧縮空気を断つと，スプリングの力でクラッチが切れると同時に，ブレー

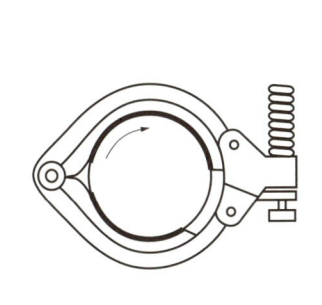

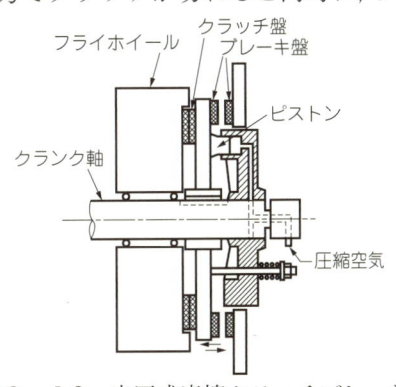

図6-9　シューブレーキ　　　図6-10　空圧式摩擦クラッチブレーキ

キがかかる。この作動は，きわめて敏活に行われ，高速運転に適している。

(3) クランクプレスの能力

クランクプレスの能力は，**圧力能力**（公称圧力），**トルク能力**及び**仕事能力**の三つによって表される。

a．圧力能力（公称圧力）

プレス機械が加工するときに安全に発生しうる最大圧力（加工力）を圧力能力（公称圧力）といい，キロニュートン（kN）で表す。

図6－11に示すように，クランクプレスの発生力は，スライドの位置によって変わり，クランク角90°（ストローク中央）付近から次第に大きくなって，180°すなわち，下死点で最大となる。しかも，その変化の仕方は，下死点に近づくほど急激となり，下死点付近では，公称圧力をはるかに超える大きな力が発生するので注意しなければならない。

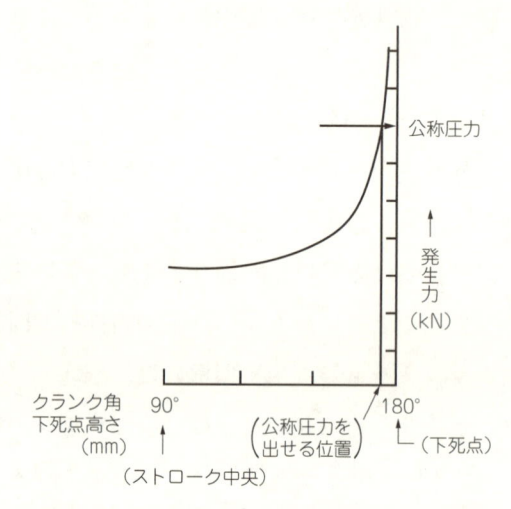

図6－11　ストローク位置と発生力の関係

b．トルク能力（公称圧力を出せる位置）

下死点上何mmのところで，公称圧力の発生が可能であるかという能力である。この能力は，クランク軸が安全に発生し得る回転力（トルク）に関係するため，トルク能力と呼ばれる。

この能力を超える過負荷が生じると，一般には，摩擦式（フリクション）クラッチでは滑りを生じ，確動式（ポジティブ）クラッチでは伝導軸，クランク軸などのねじれを生じたり，クラッチや歯車の破損を引きおこすことになる。

c．仕事能力（仕事容量）

1回の加工に，安全に使用できる最大仕事量を仕事能力といい，この能力が不足すると，

プレスの速度が低下したり，ときには停止したりするが，圧力能力やトルク能力の過負荷のように，構造部分が破損する危険はない。この能力はモータの出力と，フライホイールの容量とによって決まり，深絞りや高速自動打抜き加工などのときに問題となる。

(4) プレス機械の仕様

プレス機械には，能力のほかに，次のような仕様がある。

a．ストローク長さ（mm）

スライドの1行程の長さで，クランク又はクランクレス機構のプレスでは，偏心量の2倍となる。

打抜き専用のプレスでは，短くてよいが，絞り成形用のものは，製品深さの2倍以上ないと，型から製品を取り出すことができない。

b．毎分ストローク数（spm）

クランク軸の回転数と同じで，連続運転したとき，1分間に何回スライドが往復運動するかということを示す。

c．ボルスタ及びスライド面積（mm^2）

ボルスタ，スライドともに，左右（幅）寸法×前後（奥行）寸法で表す。

d．スライド調節量（アジャスト寸法）

コネクチングロッドとスライドとの間のねじ（**コネクチングスクリュー**）を調節することによって行われるスライドの上下の調節量を示すもので，この調節量が大きければ，各種高さの型の取付けが可能であるが，プレスの精度，強度などの面から，必要以上に長くしない。

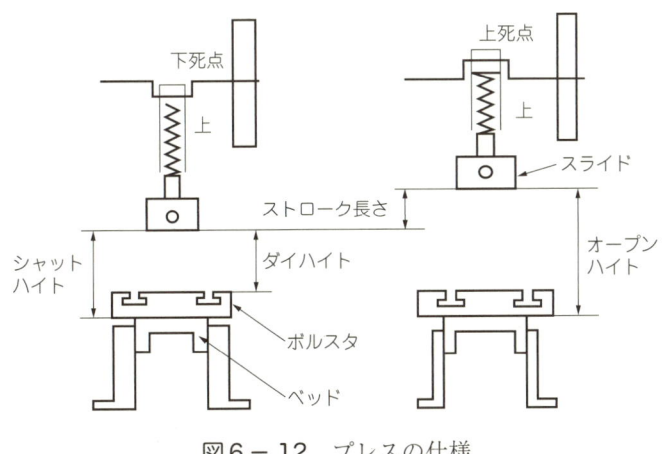

図6-12　プレスの仕様

e．ダイハイト，シャットハイト，オープンハイト

図6－12に示すように，クランクを下死点にして，スライド調節を上限にしたとき，スライド下面からボルスタ上面までの距離を**ダイハイト**，スライド下面からボルスタを除いたベッド上面までの距離を**シャットハイト**という。

また，クランク上死点，スライド調節上限で，スライド下面からベッド上面までの距離を**オープンハイト**という。ともに，型設計，型取付けのとき重要な寸法である。

このほか，

ギャップ：Ｃ形フレームにおける，スライド中心からフレームまでの寸法
シャンク穴寸法：小型プレスにおける，上型取付け用シャンク穴の直径及び深さ
ボルスタ穴：ボルスタ中央の抜き落とし用穴の径，及びダイクッション付きプレスにおけるクッションピン用穴の径と穴の位置などがある。

（5）ダイクッション

絞り加工において，しわ押さえなどに利用するため，プレスのベッド内に，ダイクッション装置を付けることがある。**ダイクッション**には，空圧式，油圧式，空油圧式などがある。図6－13に空圧式のものを示す。

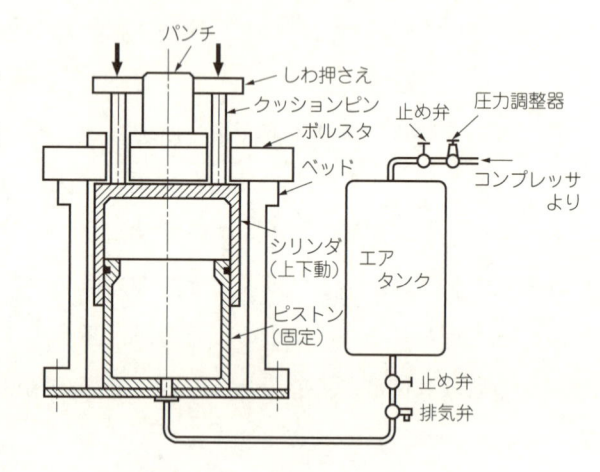

図6－13　空圧式ダイクッション

2.2　ナックルプレス

ナックル機構は，トグル機構とも呼ばれ，図6－14に示すように，回転運動をクランク機構によって往復運動に変えたものを，さらにリンクを使って，スライドに直線運動を与えるものである。

ナックルプレスの特徴は，下死点付近のスライドの速さが，クランクプレスなどに比べて遅くなることと，小さいクランク軸トルクで大きな加工力が得られるため，硬貨などの圧印加工や，冷間型鍛造などに使用される。

2.3　フリクションスクリュープレス（摩擦プレス）

摩擦力とねじ機構により，スライドを上下させるもので，人力プレスにおけるねじプレスを動力式にしたものである（図6－15）。

フレーム上部に取り付けられた，同軸の二つのフライホイール（摩擦車）は，電動機に

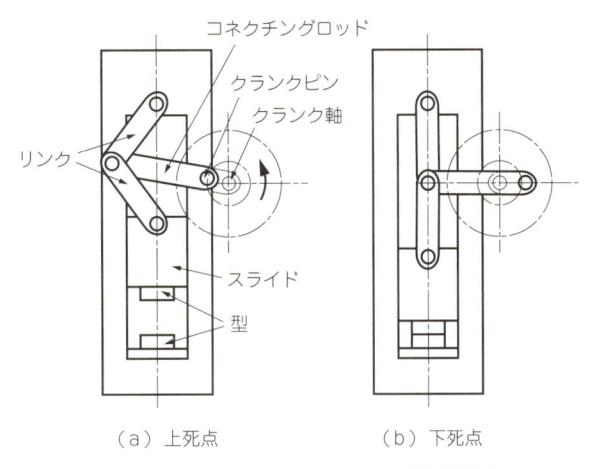

図6-14 ナックルプレスの駆動機構

より回転するとともに，そのままの間隔で左右に移動できるようになっている。そして，周りに皮を張った中央のフライホイールに，それぞれ片側の摩擦車を接触させることにより，中央のフライホイールに取り付けられたねじが，フレーム上部のめねじの中を回転しながら上下運動して，スライドを動かす。特徴は，構造部品が少なく，メンテナンスが容易なことである。主に，鍛造（たんぞう），ならし，つぶし作業や曲げ，成形，絞りなどの加工に用いられている。

図6-15 フリクションスクリュープレス

第3節　液圧式プレス

液圧式プレスは，動力を液圧により伝達し，スライドを駆動するプレスの総称である。

伝達媒体により油圧プレスと水圧プレスに分類されるが，密封性，潤滑性，防錆性（ぼうせい）で優れる油圧プレスが多用されているため，液圧プレスすなわち油圧プレスとして通用している。

油圧プレスは，電動機によりポンプを運転し，圧力のある油をシリンダに送り，シリンダ内のピストンを動かして，スライドに上下運動を与えるものである。図6-16に，ストレートサイド形の油圧プレスを示す。

一般に大型油圧プレスは絞り加工に適しているが，最近は小型で高速の油圧プレスも多く使われている。

　高速油圧プレスは機械式プレスの高速パワープレスに相当するもので，打抜き加工を主とした各種のプレス加工に使用される。自動送り装置を装備しており，ストローク数は，数百から1000spmまでの高速運転を行えることが特徴である。能力は290kNくらいまでである。

図6－16　ストレートサイド形プレス

　油圧プレスには，機械プレスとの比較で次の特徴がある。

① ストローク長さは，1000mm以上も容易に作れる。
② ストローク長さは，容易に変更できる。
③ 加工速度は，容易に変更できる。
④ 加圧する力は，容易に変更できる。
⑤ 加圧力保持は，容易にできる。

以上の特徴が活かされる深絞り加工や鍛造，押出し加工などに多用されている。

第6章　学習のまとめ

　プレス機械を大別すると，機械式プレスと液圧式プレスに分けられ，生産量，加圧する力，加圧速度などで生産目的に応じた形式や構造の決定がなされている。
　この章では，プレス機械の種類と機能について述べた。

練習問題

次の各問に答えなさい。
（1）スライド数から分類されるプレスは何か。
（2）クランクプレスの能力は何か。
（3）ダイクッションの使用目的は何か。
（4）油圧プレスで調整が容易な項目は何か。

第7章 プレス加工

　プレス加工は，一対となった金型の間に加工材料を入れ，金型に強い力を加えることで，加工材料を目的の形状に成形する加工法である。

　プレス加工は，製品1個当たりの加工速度も速く，加工精度はプレス型で決まることから，均一で安定した製品を連続して作れる強みがある。しかし一組のプレス型は，一つの製品加工にしか使えないという弱みもある。

第1節　せん断加工

　プレス機械に取り付けた金型の間に加工材料を入れ，力（せん断力）を与えて加工材料を打ち抜いたり，穴あけをする加工を，**せん断加工**という。

1.1　せん断加工の分類

　せん断加工を分類すると，
① **打抜き（ブランキング）加工**：外形線が閉じているもの
② **せん断（シャーリング）加工**：外形線が閉じていないもの
③ **縁仕上げ（シェービング）加工**
④ **突切り加工**

などに分けることができる。

（1）打抜き加工（外形線が閉じているもの）

　図7−1（a）に示すように，上型と下型の刃のかみ合いに適当なクリアランス（すきま）を付けた型の間で，輪郭線が閉じた形状に加工材料をせん断するもので，最も一般的なプレス加工である。この加工に属するものに，図7−2に示すような**打抜き（ブランキング），穴あけ（ピアシング）及び縁切り（トリミング）**がある。

（2）せん断加工（外形線が閉じていないもの）

　図7−1（b）に示すように，上下の刃の間に適切なクリアランスを保ち，加工材料をを輪郭線が閉じていない形状にせん断するものである。

　図7−3に示すような**せん断（シャーリング），分断（パーティング），切欠き（ノッチ**

(a) 打抜き加工
(b) せん断加工
(c) 縁仕上げ加工
(d) 突切り加工

図7-1　せん断加工の分類

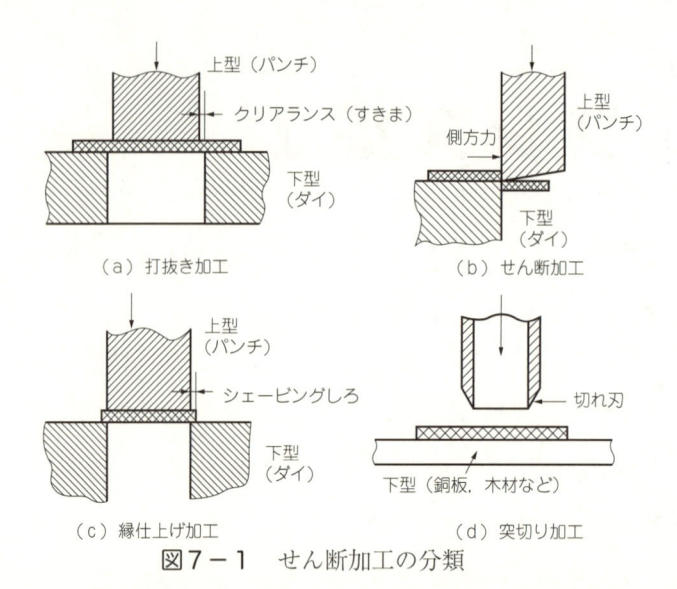

ング），切込み（ランシング）などがある。このような加工では，パンチに側方力（横方向に押す力）が働くため，加工精度やかえり対策としてパンチを横方向から支える工夫が必要である。

(3) 縁仕上げ加工

図7-1（c）に示すように，打抜きや穴あけなどで加工された製品のせん断面を正しい寸法に仕上げ，滑らかにするために，**シェービングしろ**と呼ばれる部分をごく少量せん断加工を行う加工法である。

(4) 突切り加工

図7-1（d）に示すように，鋭い切れ刃をもったパンチで，平らな木材又は銅板のような軟らかい下型の上にのせた材料を打ち抜くもので，厚紙，ゴム，革などの非金属材料のせん断に広く用いられる。

(a) 打抜き（ブランキング）
(b) 穴あけ（ピアシング）
(c) 縁切り（トリミング）

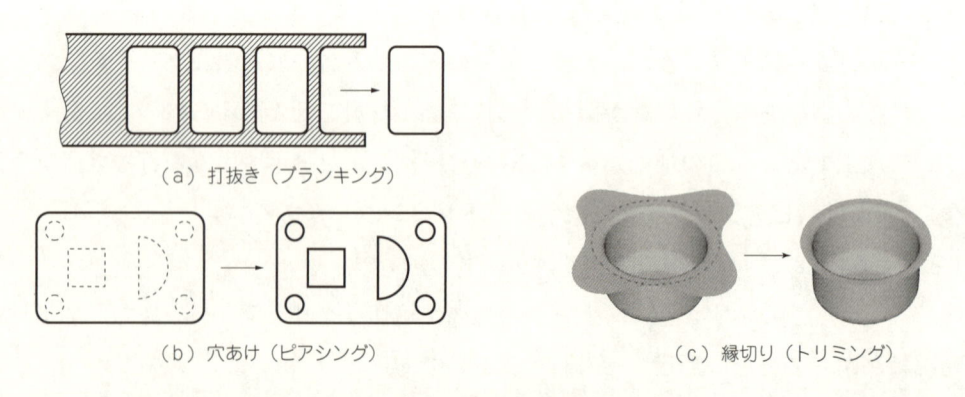

図7-2　打抜き加工（外形線）の種類

(a) せん断（シャーリング）　　（b) 分断（パーティング）

(c) 切欠き（ノッチング）　　（d) 切込み（ランシング）

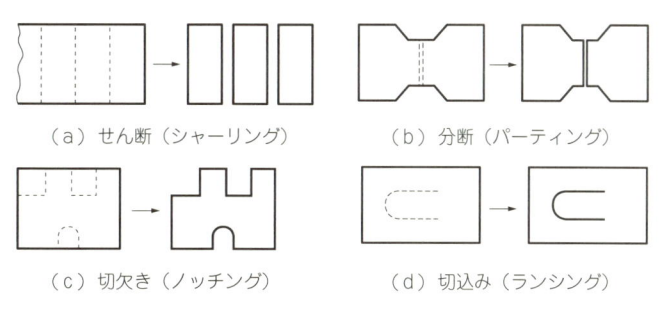

図7－3　せん断加工の種類

1.2　基本的な抜き型

　せん断加工は，1.1項のように分類されるが，その基本となるのは打抜きである。

　図7－4は，基本的な抜き型を示したもので，上型と下型は，ガイドポストで案内されるようになっており，型をプレスに取り付けるとき，上型と下型の型合せが容易である。

　パンチ及びダイは，加工材料の材質，板厚，打抜き品の輪郭形状，打抜き数などを考慮して，炭素工具鋼（SK材），合金工具鋼（SKS，SKD材），高速度工具鋼（SKH材），超硬合金などの中から適当なものを選び，適正な硬さに熱処理される。

　バッキングプレート（補強板），ダウエルピン（ノックピン），ガイドポストなども相当な強さを必要とするので，普通，炭素工具鋼を用い，パンチホルダやダイホルダには一般構造用鋼又は鋳鉄が，その他構造部分には機械構造用炭素鋼が使用される。

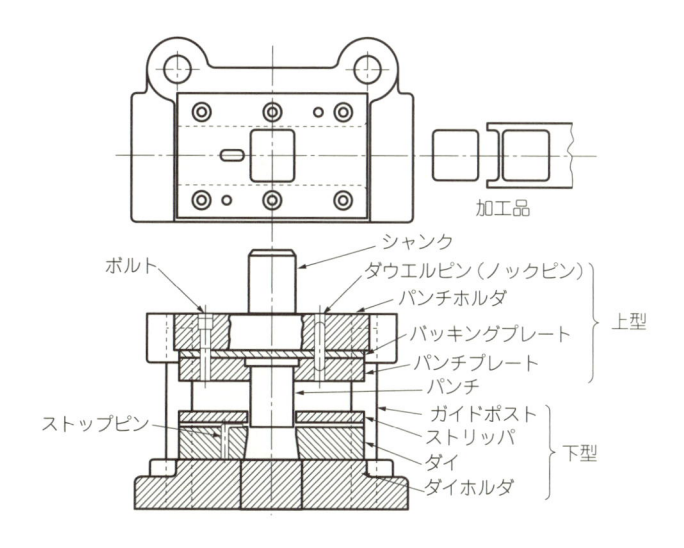

図7－4　基本的な抜き型

1.3 抜き型の要点

(1) せん断過程

抜き型のダイの上に置いた加工材料に対して，パンチが下降してきて接触すると，パンチ，ダイ刃先付近の加工材料は，塑性変形を開始し，さらにパンチが下降すると，図7－5（a）に示すように，工具刃先は，加工材料にくい込んでいく。この場合，パンチ，ダイの刃先部分には，垂直方向にせん断力Pが作用するが，この力は，上下の刃のクリアランスCを隔てて働くので，このモーメントのため，加工材料は回転しようとして，板押さえが弱い場合は，跳ね上がる。この力によって，加工材料の切り口面は，工具側面に押され，側方力Fが生じる。

パンチがさらに下降すると，加工材料は，それ以上の変形に耐えられなくなると同時

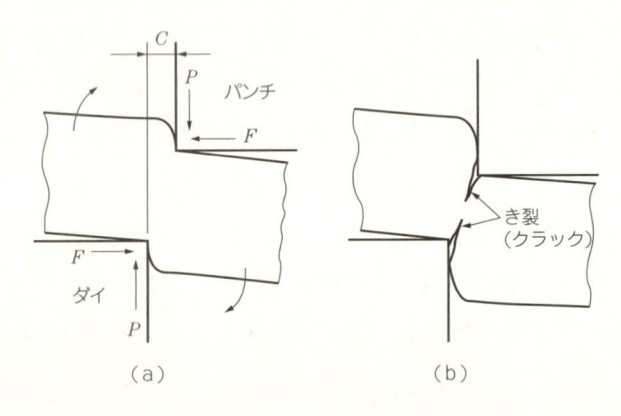

図7－5 せん断過程

に，せん断力Pと側方力Fによる一種のくさび作用のため，図7－5（b）に示すように，刃先付近にき裂（クラック）が発生し，上下のき裂が出会ってせん断が完了する。

図7－6は，通常のせん断切り口の状態を示したもので，工具のくい込みのとき変形してできた"だれ"，刃の側面でこすられて光っている"せん断面"，き裂によって生じた"破断面"，及び"かえり（ばり）"からなっている。

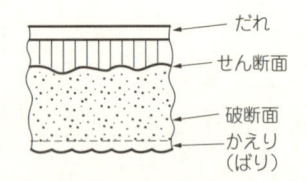

図7－6 せん断切り口

(2) クリアランス

せん断は，上下の刃先から発生したき裂が会合して完了するので，これがうまく出会うように，上刃と下刃に適当な大きさの**クリアランス（すきま）**を付ける必要がある。

① クリアランスが小さすぎた場合は，図7－7（a）に示すように，き裂の方向がく

い違い，せん断不良としてのタング（舌）が発生するとともに，刃の摩耗や損傷が大きくなる。

② クリアランスが大きすぎた場合は，せん断に要する力は少なくてすむが，図（b）のように，き裂の方向がくい違って，最後には，引きちぎられるような状態で分離し，せん断面幅が狭く，破断面は大きく傾き，だれ，かえりが大きくなって，きたない切り口面となる。

③ 適正なクリアランスは，一般に，板厚に比例して大きくする。また，延性が大きい材料では，板厚に対し，パンチがかなりくい込んでからき裂が発生するので，上下のき裂をうまく合わせるために，クリアランスを小さくする。逆に，延性が小さい，もろい材料では，早い時期にき裂が発生するので，クリアランスを大きくする。

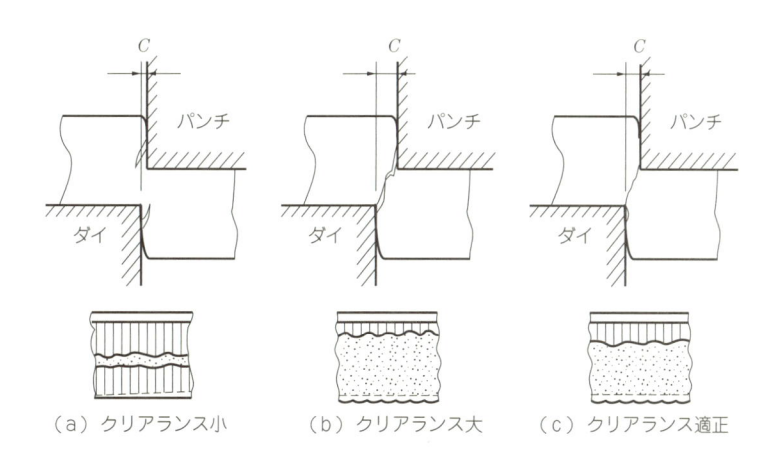

(a) クリアランス小　　(b) クリアランス大　　(c) クリアランス適正

図7-7　クリアランスとせん断切り口

主な加工材料に対する，クリアランスの標準値は，次のようである。

　　軟質アルミニウム，銅板　　　板厚の3％
　　軟鋼板，黄銅板　　　　　　　板厚の5％
　　半硬鋼，ステンレス鋼板　　　板厚の6％

抜き型においては，クリアランスをパンチに付けるか，ダイに付けるかは，外形抜きか，穴あけかによって異なる。

図7-8は，抜き型による打抜きの状態を示したもので，外形抜きの場合は，ダイ穴の寸法形状は，製品寸法形状に等しくし，パンチ寸法をクリアランス分だけ小さくする。穴あけのときは，パンチ寸法形状を製品の穴寸法形状に等しくし，ダイ穴寸法をクリアランス分だけ大きくする。

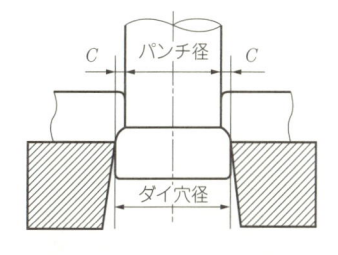

図7-8　打抜きの状態

（3）ダイ穴の逃げ

打抜きの場合，打ち抜かれた品物（ブランク）はダイ穴の内壁にかたくはり付いて停止し，次の打抜きによって板厚分だけ押し下げられる。

ダイ穴の寸法が入口も出口も同じであると，この状態が重なって，加工に必要な力は次第に増加し，また，ダイの摩耗も大きくなる。この現象を避け，打ち抜かれた素板（ブランク）が容易に抜け落ちるように，ダイ穴の出口を大きくする。

図7－9は逃げの例で，図（a），（b）は平行部があるため，ダイが摩耗した場合，表面を再研磨しても穴の寸法は変化しないが，材料が数枚固着して，抜き落しに力がかかる。図（c）は，その欠点はないが，再研磨すると，ダイ穴寸法が大きくなってしまう。なお，逃げ角は，板厚が厚くなるほど大きくする。

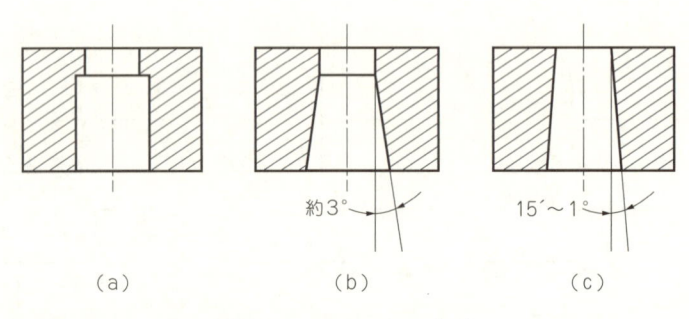

図7－9　ダイ穴の逃げ

（4）シャー角

パンチとダイの切れ刃が平行な状態で打抜きを行うと，せん断輪郭長さ全部を，同時にせん断することになるので，大きな力を必要とし，打抜き型やプレス機械へ与える衝撃も大きい。このため，打抜き力や衝撃を小さくする必要がある場合には，パンチ又はダイに図7－10に示すような傾きを付け，せん断が少しずつ行われるようにする。この傾きを**シャー角**という。

シャー角の量（図のS）は，普通，せん断する板厚の1～2倍にする。

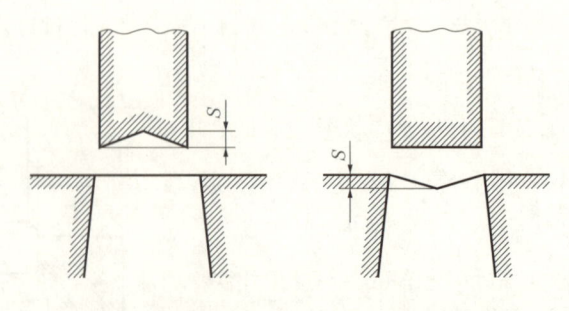

図7－10　シャー角

パンチにシャー角を付けると，ダイの上の穴のあけられた板は平らであるが，打ち抜かれたものは湾曲し，ダイにシャー角を付けると，逆になる。そこで，外形抜きの場合は，ダイにシャー角を付け，穴あけの場合は，パンチにシャー角を付ける。

シャー角は，打抜き力を軽減するときのほか，図7－11に示すような，切込み加工のときにも付ける。

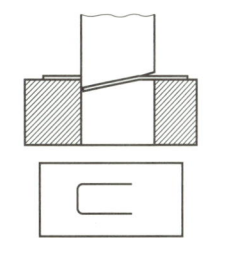

図7－11 切込み加工

（5）打抜きに要する力

プレス打抜きに要する力がわからないと，使用するプレス機械の選定，型の設計ができない。

打抜きに要する力は，打ち抜かれる輪郭の長さ（せん断長さ），打ち抜かれる加工材料の板厚，せん断強さによって計算される。

各種材料のせん断強さ（せん断抵抗）は，抜き型の刃のクリアランスや逃げ角などで変わるが，普通，表7－1に示す値が用いられる。この値は，その材料の引張強さの約80％程度に相当する。

表7－1 各種材料のせん断抵抗と引張強さ

材　　　　料	せん断抵抗 MPa	引張強さ MPa
軟　鋼　板　(0.1%C)	240～310	310～390
構造用鋼板 (SS 330)	260～350	330～430
〃　　　　(SS 400)	320～410	400～510
ステンレス鋼板	510～550	650～690
アルミニウム板（軟質）	70～110	80～120
〃　　　　　（硬質）	130～160	160～210
銅　　　　板（軟質）	170～210	210～270
〃　　　　　（硬質）	240～290	290～390
黄　銅　　板（軟質）	210～290	270～340
〃　　　　　（硬質）	340～390	390～590

打抜き所要力は，

$$P = L \cdot t \cdot fs$$

ただし，P：せん断所要力（N）

L：せん断長さ（mm）

t：板厚（mm）

fs：せん断抵抗（MPa）

で計算する。

1.4 打抜きの板取り

プレス打抜き作業では，与えられた加工材料から，できるだけ多くの製品をつくり，スクラップ（くず）をできるだけ少なくし，加工材料を最も経済的に使用することが必要である。この経済的打抜き配列や加工材料の寸法を決める作業を板取りという。

帯板から製品を打ち抜くとき，送り方向の製品と製品との間や，製品と板縁との間に適当な間隔をあけて打ち抜く。

この間隔を**さん幅**といい，図7－12に示すように，Aを送りさん幅，Bを縁さん幅という。さん幅は，小さすぎると，さんの部分が切れ刃の間に巻き込まれて，型合せを悪くし，型かじりの原因となる。また加工材料送りがわずかに狂っただけで，製品に欠けた部分ができたり，送りにくくなったりする。

さん幅は，これらのことを考慮して決められ，送りさん幅は，板厚の1.0～1.5倍程度以上，縁さん幅は送りさん幅の1.2倍程度とし，製品が大きいほど大きな値とする。

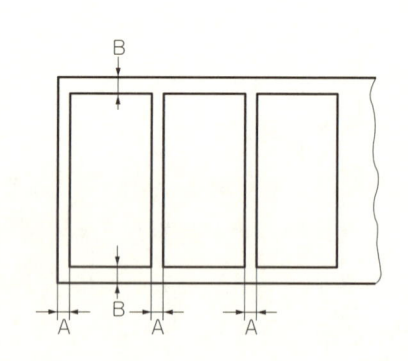

図7－12 さん幅

打抜きの配列を考えるとき，打抜きの形状が簡単なものは図を描いて考えるが，複雑な形状のものは，紙や亜鉛鉄板で数個，製品と同じ形状寸法のものをつくり，加工材料の上でいろいろと並べてみて検討したり，またコンピュータを使って最適板取り法を決めることもできる。

図7－13は，板取りの例で，配列法によって，加工材料の面積に対する製品の面積の割合，すなわち，加工材料の利用率（**歩留まり**）が変化することがわかる。なお，送りさん又は縁さんを残さないようにすると，さらに歩留まりがよくなるが，これは形状による制約があるほか，切り口のかえりの方向が互いに逆になり，また，パンチに側方力がかかるので注意しなければならない。

板取りにおいては，加工材料の歩留まり，かえりの方向などのほか，曲げ加工のあるときは，加工材料の圧延方向と曲げ線方向の関係や，金型の製作費などについても考慮しなければならない。

1.5 抜き型の種類

抜き型の種類，形式は，せん断する板の材質，形状，加工の分類，使用するプレス機械

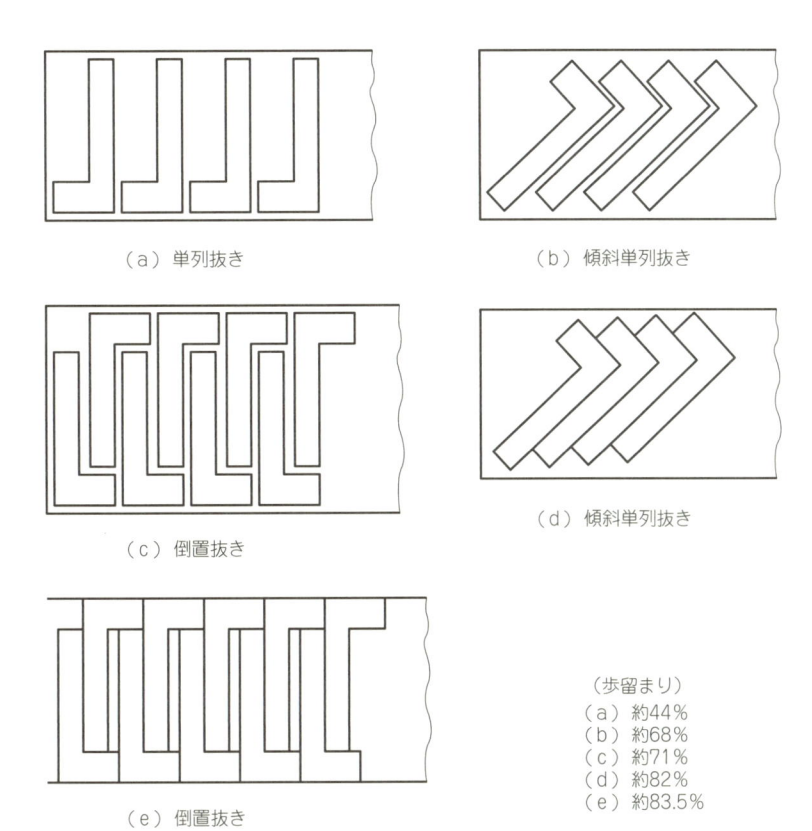

図7-13 板取りの例

（a）単列抜き
（b）傾斜単列抜き
（c）倒置抜き
（d）傾斜単列抜き
（e）倒置抜き

（歩留まり）
(a) 約44%
(b) 約68%
(c) 約71%
(d) 約82%
(e) 約83.5%

などによって，各種各様であり，突切り型，外形抜き型，穴あけ型，せん断型，送り抜き型，総抜き型のほか，縁切り型，縁仕上げ型などがある。ほとんどの抜き型は，パンチとダイ位置を正確に合わせる目的でガイドポストの付いたダイセットに組み込まれている。

（1）突切り型

厚紙，ゴム板，皮革，合成樹脂や金属箔など軟らかい材料の打抜き，穴あけに用いられる。

図7-14は上型を示したもので，パンチの刃先は鋭く，下型には平らな木材又は銅板が用いられる。パンチ内部には，打抜き製品又は抜きかすを取り出すため，はね出し（ノックアウト）を取り付ける。

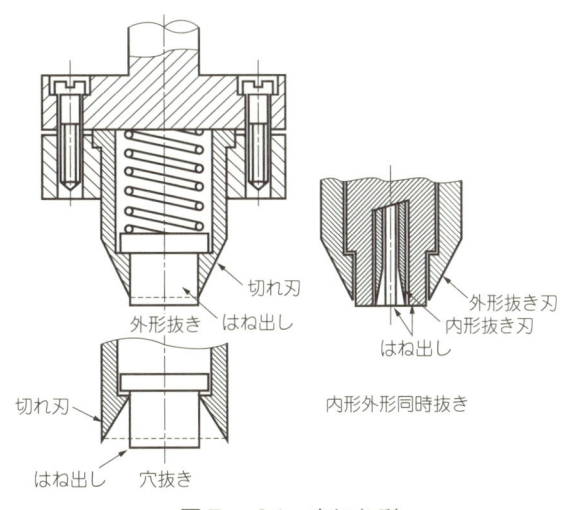

図7-14 突切り型

（2）外形抜き型（ブランキングダイ）

図7-4に示すもので，打ち抜かれた製品を**ブランク**という。

下に抜き落とす型のほか，パンチと対向して，ダイの穴の中にノックアウト装置を付け，ブランクをダイ上面に跳ね上げる形式のものもある。

ダイ穴の寸法形状は，製品の寸法形状と同じにし，パンチの寸法形状はクリアランス分だけ小さくつくり，シャー角を付けるときは，ダイに付ける。

（3）穴あけ型（ピアシングダイ）

穴あけ型は，穴をあけるのが目的の型で，基本的な構造は外形抜き型と同じであるが，クリアランスとシャー角の取り方が外形抜き型とは逆で，パンチ寸法を穴寸法と同じにし，ダイ穴寸法はクリアランス量だけ大きくし，シャー角は，パンチのほうに付ける。

プレスによる穴あけと，ドリルによる穴あけを比べると，プレスによる穴あけのほうがはるかに生産性がよく，またドリルによる穴あけが困難なばね鋼板などにも，比較的容易に穴あけができる。しかし，プレスによる穴あけは，軟鋼板の場合，板厚と同じ直径より小さい寸法の穴あけは困難である。また，プレスによる穴あけでは，切り口面に破断面があるので，鉄骨構造物などのボルト締めの下穴としては使用できない。

（4）せん断型

せん断機によるせん断のように，加工材料にさん幅を残さないで切り落としていく型である。

この形式の型では，せん断するときパンチに側方力が働き，図7-15（a）に示す破線のようにパンチが逃げて，クリアランスが大きくなったりするので，図（b），（c）のようにバックアップを設けることが必要である。

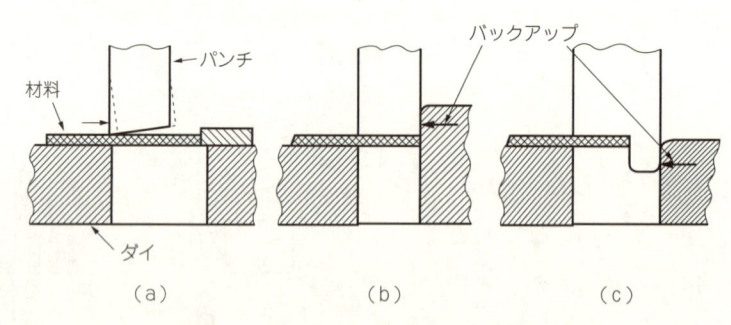

図7-15 せん断の際生じる側方力

（5）縁切り型

絞り容器の縁の余分な部分を切り落とす型で，トリミング又はトリム型ともいう。

図7-16は，円筒絞り製品の縁切り型の例で，縁切り型では抜きかすが輪になってパ

ンチの周囲に固着するので，これを二つ又は四つに切って取り除くためのかす切り（スクラップカッタ）を付ける。

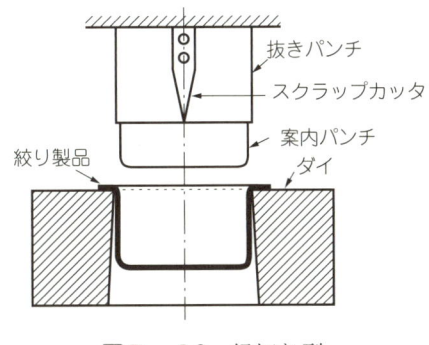

図7－16　縁切り型

（6）送り抜き型（順送り型）

一つの製品を得るのに，単式の抜き型では，複数回の打抜きが必要な製品に対して，送り抜き型では，複数の工程を一つの型の中に組み込み，プレスのストローク1回ごとに製品ができるようにした型である。図7－17は簡単な例を示したものである。

送り抜き型は，能率的な加工を行うことができ，単式の型に比べ，組み込んだ工程数だけプレス機械やそれに要する工数も節約できるが，それだけ型構造も複雑になり，型の製作にも，高度の技術を要する。

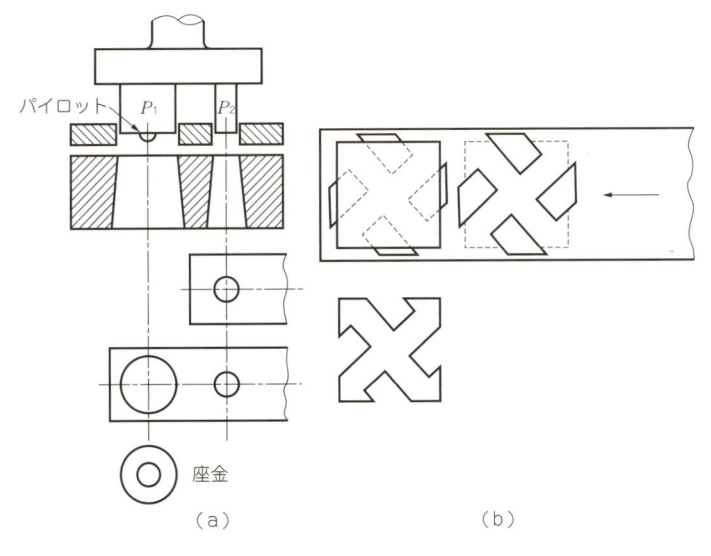

図7－17　送り抜き型

（7）総抜き型

図7－18に示すように，外形抜きと穴抜きを同時に行う型である。

総抜き型は，送り抜き型のような加工材料の送り精度の問題がないので，打抜き精度が高く，また，加工材料を上型と下型で押さえ付けて抜くことと，穴抜きと外形抜きの方向が逆であるので，製品の湾曲が少ないという利点がある。しかし，複雑な形状の製品には使用困難なほか，打抜き製品の取り出しなどに問題がある。

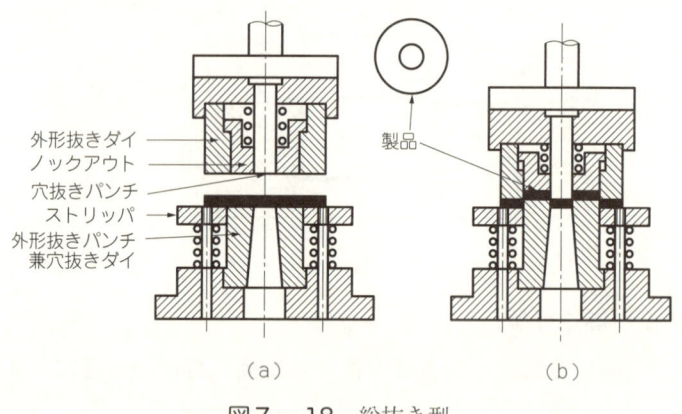

図7－18 総抜き型

第2節 曲げ加工

曲げ加工については，すでに第3章第3節で述べてあるので，ここでは型曲げについて述べる。

2.1 基本的な曲げ型

（1） V曲げ型

プレスブレーキによる曲げ加工では，普通，さまざまな製品の加工に対応できる，汎用の曲げ型を使用するが，プレス加工の場合は製品の一つひとつに対応した専用の曲げ型を設計，製作して使用する。図7－19は，普通形式のV曲げ型で，加工精度をよくすると同時に，作業能率をよくするため，加工材料の位置決めプレートが付いているが，その他の基本的事項は，プレスブレーキによる曲げ加工の場合とまったく同じである。

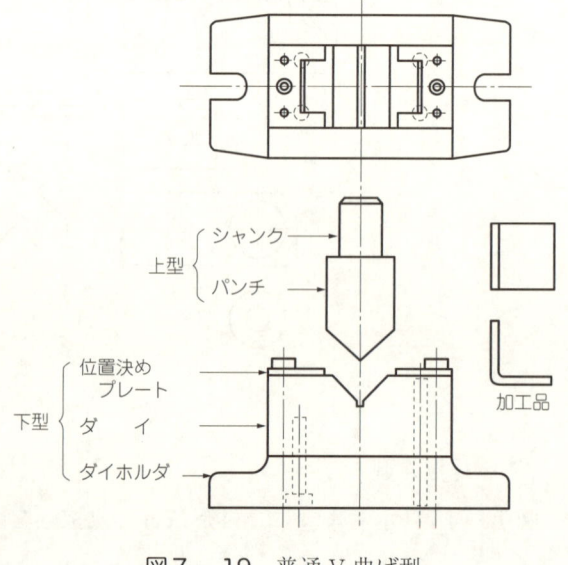

図7－19 普通V曲げ型

（2） U曲げ型

図7－20は，基本的なU曲げ型で，製品の取出しのためと，スプリングバック量の調整のために図（a）に示すようなノックアウト兼用の逆押さえを設ける。

パンチ肩の丸み半径（r_p）は，製品の曲げ半径によって決まるが，パンチ肩の丸み半径が大きいと，スプリングバックが大きくなる。なお，U曲げによる曲げ角度は，パンチ肩の丸み半径のほか，逆押さえ力の大きさ，パンチとダイのすきまの大きさなどの影響も受け，V曲げよりも複雑である。また，パンチ肩の丸み半径が小さいと，パンチ下面での加工材料のたわみが大きくなるので，図（b）の逆押さえ力を大きくする。

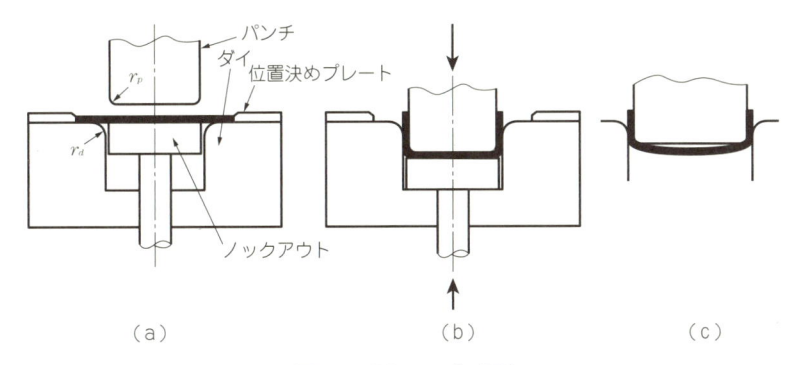

図7－20　U曲げ型

ダイの肩の丸み半径（r_d）は，小さいと加工中に製品に傷が付き，製品の側壁部にひずみが生じやすい。また，大きいと成形終了までのパンチの押込み量が大きくなる。このため，一般に，

$$r_d = 2t \sim 4t \qquad ただし，t：板厚$$

とし，板厚が厚いとき，材質が軟らかいとき，また，側壁部高さが高いときは，大きいほうの値を取る。

（3） 多重曲げ型

図7－21は，1工程で4箇所の直角曲げを行うフランジ付きU曲げ型で，加工能率はよいが，板厚や各部の寸法関係によっては，加工材料が伸ばされて薄くなったり，切れたりするので，このような場合には，図7－22に示すような単一型にする。

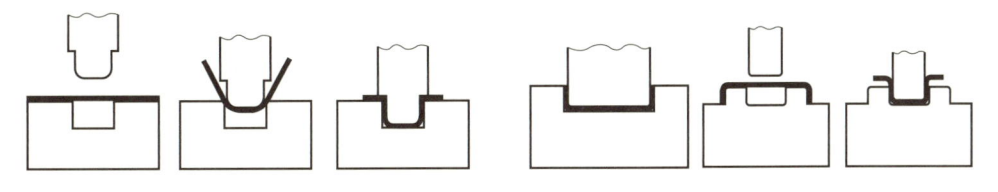

図7－21　多重曲げ型　　　　　図7－22　単一型による曲げ

（4）カム式曲げ型

プレスの上下方向の力を，カムによって斜め又は横方向に変えて加工するようにしたものを**カム型**といい，上からの加工とも合わせて同時にできるので，図7－23に示すように，閉じた形状の曲げ加工もできる。

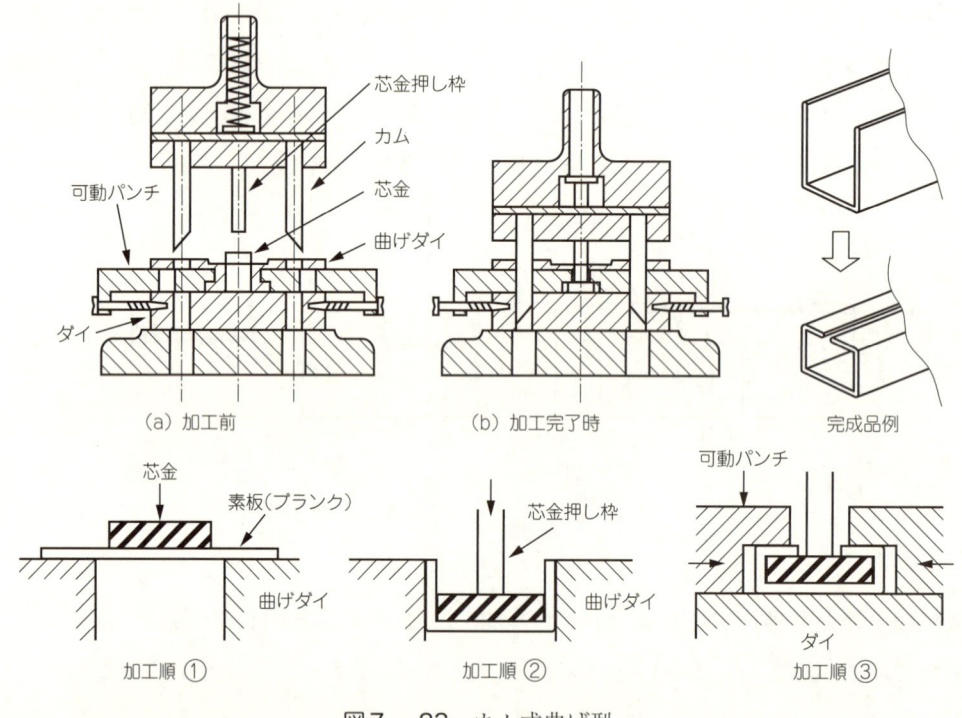

図7－23 カム式曲げ型

2.2 曲げに要する力

曲げに要する力は，加工材料の性質，製品寸法及び加工法によって異なるが，これを理論的に，正確に求めることは困難である。

V曲げに要する力は，自由曲げと底突き曲げとで異なるが，自由曲げの加工力は，一般に，次の近似式で計算する。

$$Pv = \frac{C_1 \times t^2 \times \ell \times ft}{W}$$

ただし，Pv：V曲げに要する力（N）
　　　　W：ダイ溝幅（mm）
　　　　t：板　厚（mm）

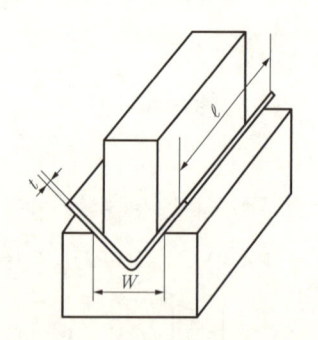

図7－24 V曲げ力

ℓ：曲げ線長さ（mm）

f_t：板材の引張強さ（MPa）

C_1：係　数　ダイ溝幅によって変える。

$\begin{cases} W = t \times 8 \text{ のとき} C_1 : 1.33 \\ W = t \times 12 \text{ のとき} C_1 : 1.24 \\ W = t \times 14 \text{ のとき} C_1 : 1.20 \end{cases}$

底突き曲げでは，底突きの程度によるが，自由曲げ加工力の数倍から10数倍とされている。

U曲げの加工力は，逆押さえをかけない自由曲げで，

$$P_u = C_2 \times t \times \ell \times f_t$$

ただし，P_u：U曲げに要する力（N）

C_2：係　数　　0.2～0.4

パンチやダイの肩の丸み半径が小さいときは，大きな値とする。

逆押さえをかけて，パンチの下の加工材料のたわみをなくすには，$P_u \times 1.3$ 程度とする。

2.3　曲げ加工の注意

曲げ加工における一般的な注意は，プレスブレーキ曲げと同じで（第3章第3節3.3参照），プレス加工上の注意は，次のとおりである。

① 穴や切欠きのある製品は，曲げにより形状がくずれたり，寸法誤差を生じやすい。
② 曲げ所要力に対し，余裕のあるプレス機械を選定する。
③ 加工材料の位置決めは，迅速，正確に行い，かつ，加工材料が水平に置かれるようにする。
④ 迅速に，安全に曲げ製品を取り出せるよう，製品取出し装置を考える。
⑤ 下死点位置の調整は慎重に行う。

第3節　絞り加工

プレス加工における絞りとは，プレス機械に取り付けた上型と下型の間に加工材料を入れ，これをプレス機械により加圧して型の中に押し込み，継目のない底付き容器をつくり出す加工のことである。その形状には，円筒状，半球状，円すい状や角筒状，その他異形，大形のものまで各種各様であるが，その基本をなすものは円筒形の深絞りである。

3.1 絞り変形

(1) 円筒絞りにおける変形状況

図7-25（a）に示すような直径Dの加工材料（素板：ブランク）*から，図（b）に示す円筒容器を絞り加工によってつくるとき，図（a）のブランクのh_0の斜線の部分は，容器側壁となる。この部分は，円周方向に縮められ，半径方向に伸ばされ，その結果，図（b）の円筒高さhは，図（a）のブランクの$\frac{D}{2}-\frac{d}{2}=h_0$よりも大きくなる。

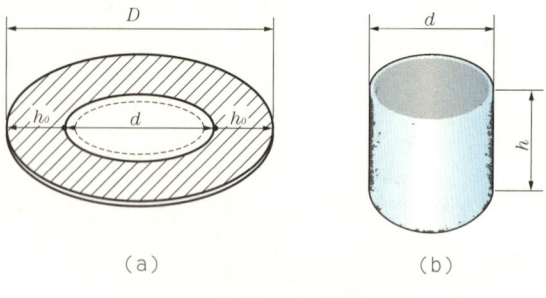

図7-25 絞り過程①

図7-26において，

①はフランジ部である。フランジ部は絞り加工の本質的変形ともいうべき円周方向の縮み変形を受ける。この縮み変形は半径方向の伸びと板厚の増加に配分される。

②はダイ肩部である。ダイ肩部では円周方向の縮み変形とダイ肩部での曲げ・曲げ戻し変形を受ける。半径方向の引張力が作用した状態での曲げ・曲げ戻し変形であることから，板厚は大きく減少する。

③は側壁部である。側壁部には半径方向の引張力が作用するが，成形された円筒容器の直径が変化しないことから，円周方向の変形はなく，平面ひずみ状態となる。

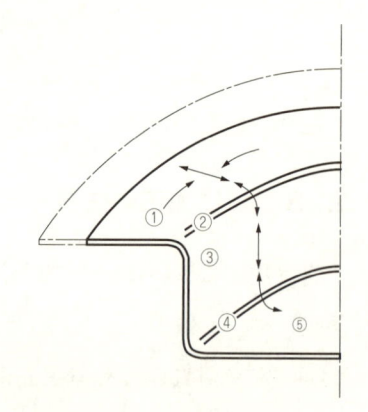

図7-26 絞り過程②

④はパンチ肩部である。加工材料は容器底部から側壁部へ移動するため，円周方向に伸ばされる。また半径方向の引張力が作用した状態で曲げ・曲げ戻し変形を受けることから，板厚が大きく減少し，通常，円筒深絞り加工ではこの部分で破断する。

⑤は底部である。底部は周囲から引張力を受け板厚が減少する。底部中心では半径方向と円周方向の区別がつかなく，両者は等しくなって等2軸引張応力状態となる。

(2) 円筒絞りにおける板厚の変化

板の状態から激しい縮みと伸び変形を受けてできた絞り容器の各部分の板厚がどのようになっているかを知ることは，絞り加工を行うためにも，絞り型を考え製作するうえからも，また，製品としての機能を考えるうえからも大切なことである。

---

* 加工材料（素板：ブランク）：絞り加工ではブランクを多く用いるので，以下ブランクという。

図7－27は，円筒絞り容器の各部の板厚のブランク板厚に対する変化の例を示したもので，＋％は増加，－％は減少したことを示している。

容器の底は，周囲に引っ張られてわずかに薄くなり，パンチ肩部は，曲げ変形を受けるとき板厚が薄くなるうえ，絞り加工力（半径方向の引張力）よりブランク板厚の8％以上も薄くなり，はなはだしいときは割れることがある。成形された容器側壁部は，ブランク板厚より厚くなり縁部は，ブランク板厚の20％以上も厚くなることがある。

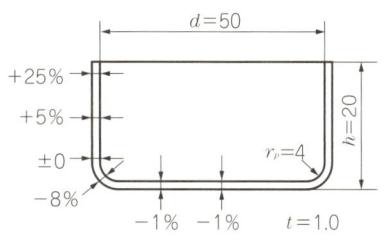

図7－27 板厚の変化例

3.2 絞 り 比

絞り製品の形状・寸法が与えられたとき，まず，計算などによってブランクの大きさを決め，次に，このブランクから所定寸法の製品を完成するのに何工程を要するか，すなわち，各絞り工程ごとに，直径を縮めていく割合を検討する。

絞り加工においては，1回の絞りで所定の製品に加工できれば最もよいが，加工の途中で割れてしまうような場合は，何工程かに分けて加工する。

このように，絞り加工では，ブランクから容器に成形する各工程における直径の縮小の度合いを決める尺度として，**絞り比**及び**絞り率**という値が用いられる。絞り比とは，図7－28に示すように，直径D（mm）のブランクを，直径d（mm）のパンチによって絞るとき，次式で表される値をいう。

$$絞り比 = \frac{ブランク直径}{パンチ直径} = \frac{D}{d} = z$$

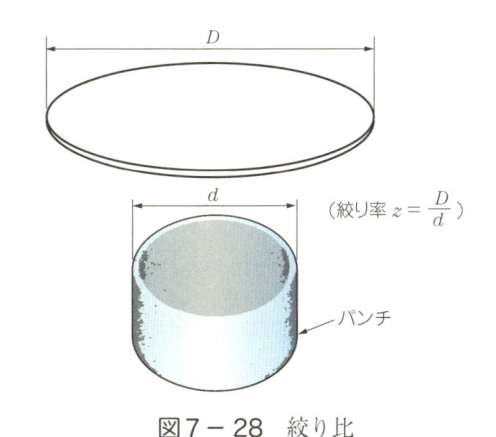

図7－28 絞り比

絞り比の逆数を絞り率といい，次式で表される。

$$絞り率 = \frac{パンチ直径}{ブランク直径} = \frac{d}{D} = \frac{1}{z}$$

割れが発生せずに絞れる限界の絞り比（又は絞り率）を限界絞り比（又は限界絞り率）といい，各種材料の深絞り性の比較に用いるが，この値は，板厚が薄いほど，製品直径が大きいほど，また，ダイ肩の丸み半径が小さかったり，潤滑が悪いときは，低下する。表

表7－2　実用限界絞り比

材料	第 1 絞 り	再　絞　り
深絞り鋼板	0.50～0.60	0.75～0.80
ステンレス鋼板	0.50～0.55	0.80～0.85
銅板	0.55～0.60	0.85
黄銅板	0.50～0.55	0.75～0.80
アルミニウム板	0.53～0.60	0.80
ジュラルミン板	0.55～0.60	0.90

7－2は，主な材料の実用限界絞り比を示したものである。

1回の絞りで所定形状に絞り得ないときは，何工程かに分けて絞るが，この2回，3回という絞り加工を，再絞り加工といい，再絞り加工における絞り比を，**再絞り比**という。

再絞り比は，図7－29に示すように再絞り前の容器の直径d_1で，再絞り後の容器の直径d_2を除した値でいう。

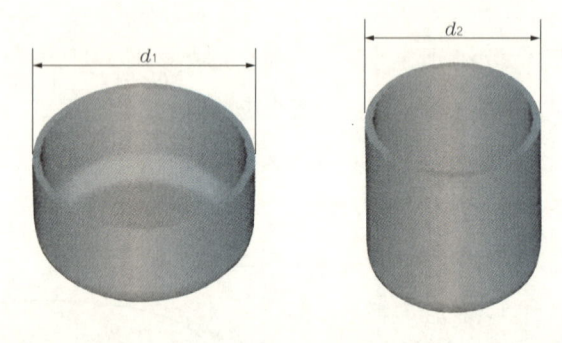

図7－29　再絞り比

n工程で絞る場合，最初のブランク直径をD，工程ごとの絞りの直径をd_1, d_2, d_3……，最終製品の直径をd_nとすると，

$d_1 = z_1 D$　　z_1：第1絞り比

$d_2 = z_2 d_1$　　z_2：第2絞り比　⎫

$d_n = z_n d_{n-1}$　z_n：第n絞り比　⎬再絞り率

限界絞り比には表7－2が用いられるが，製品形状，型の構造や仕上がり状態，潤滑などによって異なるので，適用に当たっては，これらのことも考慮する。

3.3　絞り型の要点

絞り型の主要部分は，図7－30に示すように，パンチ，ダイ及びしわ押さえ（ブランクホルダ）であり，パンチには，図7－31に示すように底部のふくらみを防ぐためと，製品をパンチから抜きやすくするため，空気穴をあける。

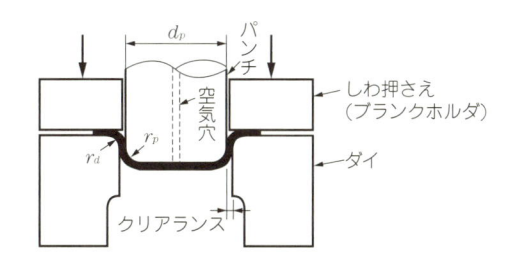

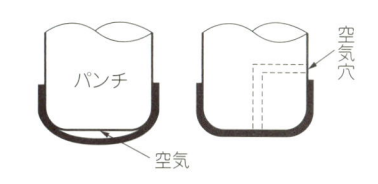

図7－30　円筒絞り型の基本構造

図7－31　空気穴

(1) パンチ，ダイの肩の丸み

a．パンチ肩の丸み半径（r_p，パンチ・ラジアス）

パンチ肩の丸み半径（r_p）が小さいと，この部分の加工材料の曲げ変形がきびしくなり，板厚が減少し破断しやすくなる。逆に大きくても，加工材料がパンチ側壁になじむ前に絞り力が最大値に近づき，パンチ径より小さい径の部分でこの力を受けもつため，破れやすい。このため，パンチ肩の丸み半径（r_p）は，

$$（4〜6）t \leq r_p \leq （10〜12）t$$

又は　$r_p \leq \dfrac{d_p}{3}$

ただし，t：板厚，d_p：パンチ直径

とする。

b．ダイ肩の丸み半径（r_d，ダイ・ラジアス）

ダイ肩の丸み半径（r_d）が小さいと，この部分での加工材料の曲げ変形がきびしくなり，絞り力が増大して，破断しやすくなる。逆に大きいと，絞り終わりのときに，ブランクホルダが利かなくなり，しわが発生する。このため，一般に，

$$（4〜6）t \leq r_d \leq （10〜20）t$$

ただし，t：板厚

とする。

上式の（　）の中の数値は，ブランク径に比べ，板厚が薄いときは小さい値を，厚いときは大きい値を使用するが，絞り加工にはいろいろな要素が作用するので，最初は小さい値でつくり，試し絞りをして修正するのが一般的である。

再絞り加工のときの絞り型のr_dは，第1回又は前の回のr_dの60〜80％の丸み半径とする。

(2) パンチとダイのクリアランス（すきま）

図7－27に示したように，絞り容器の側壁部は，ブランク板厚より厚くなるので，パ

ンチとダイのクリアランスをブランク板厚と同じにとると，板がしごかれるため，加工力が大きくなって破断したり，容器が型にくいついて取れなくなったりする。クリアランスが大きすぎると，容器の絞り終わりの部分の径が，絞り始めの径より著しく大きくなったり，側壁部にたるみやしわが生じたりする。

　このため，クリアランスは，ブランク板厚の公差や，絞りによる板厚増加を考慮して，表7－3くらいにする。

表7－3　パンチとダイのクリアランス　　（t：板厚）

材　　質	クリアランス（すきま）量		
	第1絞り	中間絞り	仕上げ絞り
軟　　　　鋼	$t1.3$	$t1.2$	$t1.1$
黄銅，アルミニウム	$t1.25$	$t1.15$	$t1.09$

　なお，製品の側壁径や厚さを均一にする必要があるときには，しごき加工だけを行う工程を追加することがある。これを**アイヨニング**という。

3.4　絞り加工の板取り

　絞りを行う製品の寸法から，必要なブランクの寸法を決めるには，製品の表面積とブランクの面積が同じであると考えて，計算によりブランク径を決める方法が用いられる。

　表7－4は，円形容器の断面形状と，そのブランクの計算式の例を示したものである。

　なお，実際の絞り加工においては，加工材料の異方性のため，絞り終わりの縁部には耳が発生して，凹凸状になるので，計算で求めた寸法よりこの分だけ大きくする。

表7－4　絞り加工の板取り

加工製品	ブランク直径 D
	$\sqrt{d^2+4dh}$
	$\sqrt{d^2+4d(h-0.43r_p)}$
	$\sqrt{2d^2}=1.41d$
	$\sqrt{2}\cdot\sqrt{d^2+2dh}$
	$\sqrt{d_1^2+2S(d_1+d_2)}$
	$\sqrt{d^2+2.28r_pd-0.56r_p^2}$
	$\sqrt{d^2+4d(0.57r_p+h)-0.56r_p^2}$

3.5 円筒絞りに要する力

絞り加工を行うとき，どのくらいの力を要するかを知ることは，他のプレス加工と同様，プレス機械などの選定上必要なことである。

(1) 円筒絞りの加工力

円筒絞りに要するパンチ力は，板の変形に要する力と，ダイ，ブランクホルダ間の摩擦力との和で，ダイとパンチのすきまが小さくてしごきが行われると，これに要する力が加わる。この加工力は，ブランクの材質，厚さ，製品形状，大きさ，型の状態，潤滑の状態などによって異なる。絞り容器の側壁部が破断力を超えると，図7－32に示すように破れるので，加工力が破断力を超えてはいけない。しごきがかからない場合，円筒絞りにおける加工力は，一般に次の式が用いられる。

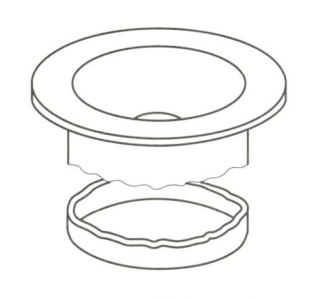

図7－32 円筒絞りの破断例

$$P = C \times d \times \pi \times t \times f_t$$

ただし，P：加工力（N）
　　　　C：絞り比により異なる係数
　　　　d：容器の平均直径（mm）
　　　　t：ブランクの板厚（mm）
　　　　f_t：ブランク材の引張強さ（MPa）

表7－5　係数Cの値

絞り比 z	係数 C
1.82	1.0
1.67	0.86
1.54	0.72
1.43	0.60
1.33	0.50
1.25	0.40

この式は，容器側壁の破断力を計算し，それに係数Cを乗じて加工力を求めるもので，この式で計算された値は，実際の加工における加工力より，少し大きくなる。

(2) しわ押さえ力

絞り加工においては，ブランクのフランジ部分は，円周方向に圧縮されるので，しわが発生する。このしわの発生を防ぐために，**しわ押さえ（ブランクホルダ）**を用いるが，これに加える力，すなわち，しわ押さえ力が小さいとしわが発生し，大きいとフランジ部が変形しにくくなるので，しわが発生しない最小限度のしわ押さえ力をかけることが必要である。

最適なしわ押さえ力は，ブランクの材質，大きさ，ダイの穴径や肩の丸み半径などの影響を受け，その決定は困難であるが，一般には，ブランクを押さえる板押さえの面積に，表7－6に示す値を乗じて求め，何回か**試し絞り**をして決める。

表7-6 しわ押さえ力

材料	しわ押さえ力(MPa)
軟　　　　　鋼	1.5～1.7
ステンレス鋼	1.7～1.9
アルミニウム	0.2～6.0
銅	0.7～1.1
黄　　　　　銅	1.0～1.5

3.6 円筒絞り型の種類

(1) ブランクホルダなし絞り型

最も簡単な構造の絞り型で，ダイの穴が円すい形状をしており，ブランク径に対し，板厚が比較的厚い場合に使用される。

図7-33は，一般的な型の構造を示したもので，ダイ穴の傾斜角は30°が普通である。この場合，図のf寸法は，板厚の20倍以下であることが必要である。

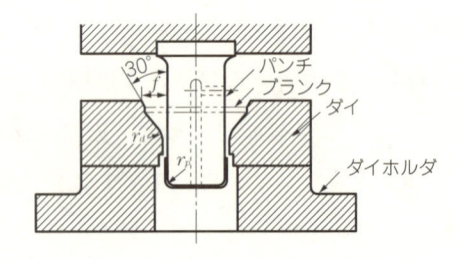

図7-33 ブランクホルダなし絞り型

(2) ブランクホルダ付き絞り型

図7-34は，上型に可動しわ押さえを付けた絞り落し形式のもので，しわ押さえにスプリングを利用している。この形式のものは，成形初期のフランジ部の面積が広いときは，スプリング圧が弱く，絞りが終りに近づき，フランジ部の面積が小さくなったときに強く働くという欠点がある。

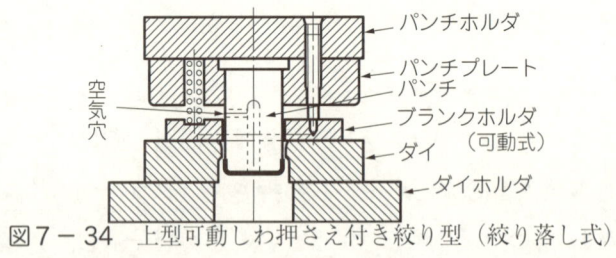

図7-34 上型可動しわ押さえ付き絞り型（絞り落し式）

図7-35に示すものは，複動プレス用のノックアウト形式の絞り型で，パンチはプレスのインナスライドに，ブランクホルダはアウタスライドに取り付けられ，互いに関係を保ちながら別々に作動する。

絞られた製品は，ノックアウトで，ダイ上面に押し上げられるため，この形式の型の場合，プレスストロークは，容器高さの2倍以上のものが必要である。

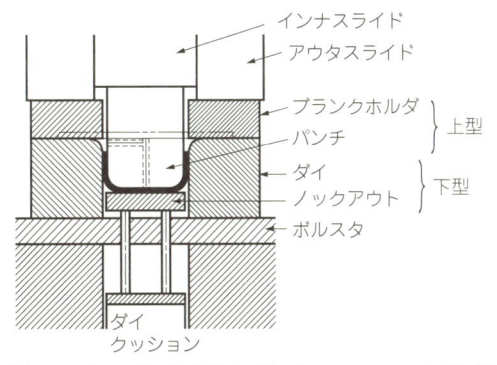

図7－35　複動式絞り型（ノックアウト形式）

（3）倒置式絞り型

図7－36に示すように，ダイを上型，パンチを下型にしたもので，単動プレスに用いられる代表的な型である。

ブランクホルダの加圧には，プレス機械に設置したダイクッションを使うことが多いが，型にスプリング又はゴム圧を利用した加圧装置を付けることもある。

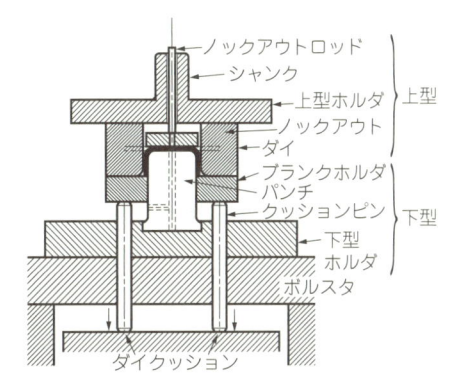

図7－36　倒置式絞り型

（4）直接再絞り型

図7－37（a）は，しわ押さえのない型で，傾斜角30°の円すいダイを使用し，絞りがきびしくないときに用いる。図（b）は，倒置式のしわ押さえ付き再絞り型である。

（a）しわ押さえなし　　（b）しわ押さえ付き

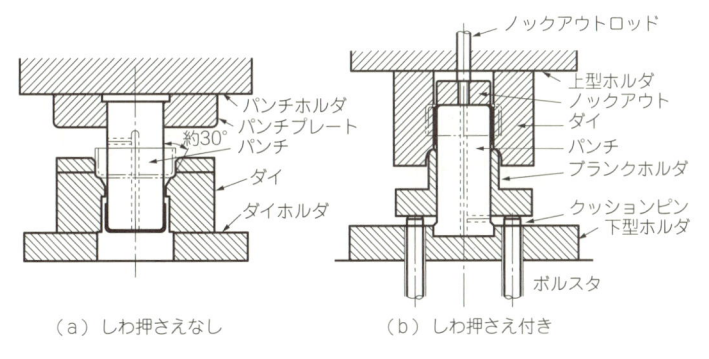

図7－37　直接再絞り型

（5）逆再絞り型

一度絞った容器を，逆の方向から再絞りするもので，図7－38は，ブランクホルダなしの型である。絞り途中で止めると，二重の容器をつくることができる。

逆再絞りでは，絞り比が大きすぎても小さすぎても，パンチにかかる荷重が非常に大きくなり，破断しやすくなる。

板厚が薄い場合は，しわが発生しやすいので，ブランクホルダを設ける。

(6) 抜き絞り型

抜き型と絞り型を一緒に組み込んだもので，ブランクを打ち抜くと同時に，絞り加工も行うようにした型であり，図7－39は，その構造を示したものである。型の構造は少し複雑になるが，比較的浅い絞り容器を多数製作する場合に広く用いられる。

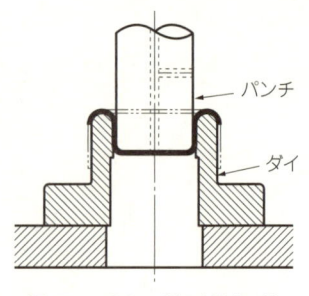

図7－38　逆再絞り型

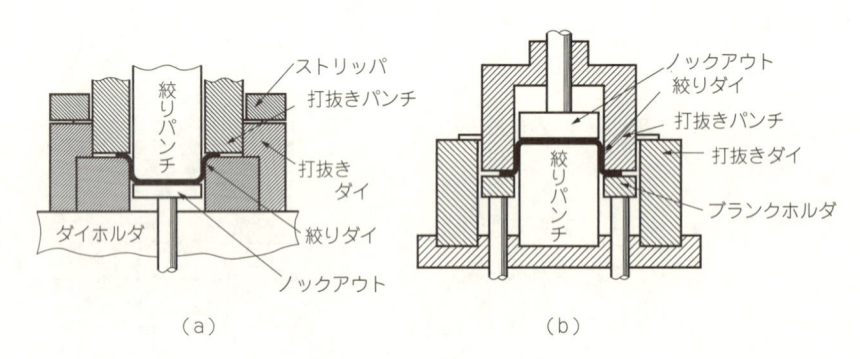

図7－39　抜き絞り型

3.7　角筒容器絞り

(1) 角筒容器の板取り

図7－40に示すような角筒容器の板取りでは，円形容器のような計算式がないので，作図によってその形状と大きさを決める。

作図は，直辺部分は折曲げ，曲辺部分は円筒絞りの一部として，図7－41（a）のような基本図を描く。

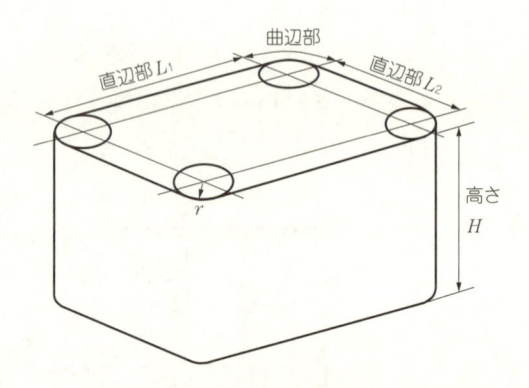

図7－40　角筒容器

R は通常 $\dfrac{\sqrt{4r \cdot H + r^2}}{2}$ （r：コーナー部の半径，H：絞り高さ）を目安として計算する。加工時の加工材料の流れの状態を考えて，図（b）のように滑らかな曲線で直辺部と曲辺部を結ぶ。しかし，この作図法は，一応の目安を示したもので，実際には何回も試し絞りをしないと，全周一様な絞り深さにならない。

なお，このような板取りを行う場合は，専用の打抜き型をつくることが必要なため，実際には，図（c）のように，四隅を斜めに切り落した八角形の板取りをし，あとで**トリミ**

ング（縁切り）して仕上げることが多い。

さらに，絞りが可能であれば，図（c）の破線のように，四角形状のままで絞ると，四隅を切り落す工程を省くことができる。

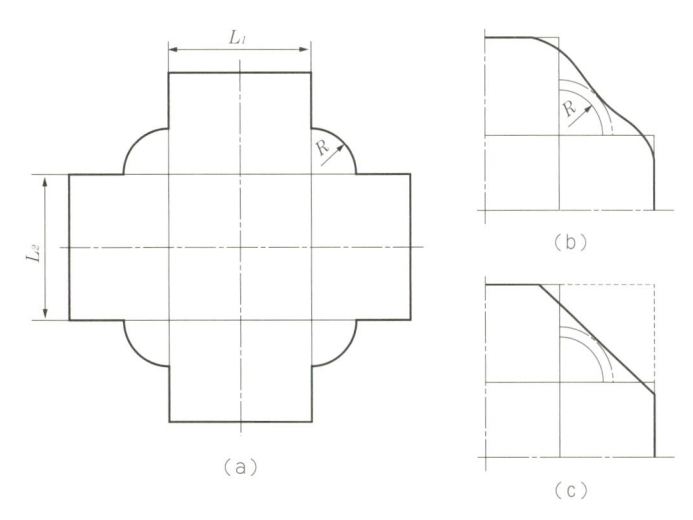

図7－41　角筒絞りの板取り

図7－42（a）は，四角形ブランクと型の直辺部を平行にして絞った状態で，四隅に大きな余肉ができている。図（b）は，ブランクを45°回転させて絞ったもので，同じ大きさのブランクで，図（a）より深い製品が得られるほか，直辺側壁部の板のたるみも少ない。

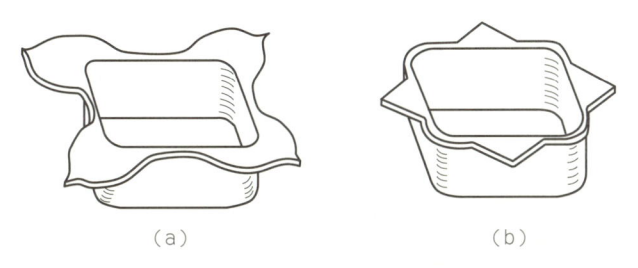

図7－42　四角形ブランクの絞り

（2）角筒容器の絞り高さ

角筒容器の絞り型を，直辺部は曲げ加工，曲辺部は円筒絞りの一部と考えた場合，成形可能な高さは，四隅の円筒深絞り限界が基本となる。

角筒容器の絞り高さは，ブランクの材質，板厚，角筒容器の形状，寸法などによって異なるが，一般に，表7－7の高さまで絞れるとされている。

表7－7　角筒の絞り高さ

r/L	H
0.05	L×（0.26～0.3）
0.1	L×（0.45～0.55）
0.2	L×（0.70～0.90）
0.3	L×（0.85～1.0）

r：コーナー部の半径
L：短いほうの直辺部長さ
H：絞り高さ

3.8 絞りの潤滑剤

絞り作業においては，ブランクがダイとブランクホルダとの間で，強く押し付けられた状態で移動するので，非常に大きな摩擦力が働き，その結果，加工力が大きくなってブランクが破断しやすい。

この摩擦を減少させ，ブランクの滑り込みを容易にして加工力を小さくし，さらに深い絞り加工も行えるようにすると同時に，型の寿命を延ばし，さらに製品の表面に傷が付かないようにするため，潤滑剤を用いる。

深絞り加工用潤滑剤としては，植物油や鉱物油にいろいろな添加物を加えた絞り加工専用の工作油が各種開発され，使用されているが，深絞りの加工に対しては，一般に粘度の高い油ほどよい潤滑効果が得られる。しかし，粘度の高いものを用いると，油を塗ったブランク同士が密着したり，製品が型にねばり付いたりして，作業性が悪くなるので，必要以上に粘度の高いものを使用しない。

潤滑剤としてのその他の要件は，
① 容易に塗布できること。
② 加工後，容易に除去できること。
③ 製品表面に，腐食などを起こさないこと。

などである。

第7章 学習のまとめ

製品となりうる板金材料に，プレス機械と型を用いた一連の製作過程で「せん断」「曲げ」「絞り」における特徴と相関を学んだ。

型と板金の材質・板厚や製品みばえ，寸法，生産量などを検討して加工方法を決定しないと型の摩耗，損傷，材料歩留まり，製品コストなどに影響を及ぼすことになる。

練習問題

次の各問に答えなさい。
（1） せん断加工法で，外形線が閉じている加工法は何か。
（2） せん断加工で，軟鋼板クリアランスは板厚の何％か。
（3） 銅板の実用限界絞り比は，いくらか。
（4） 穴のある製品の曲げ加工時に注意する点は何か。

第8章 金型の取付け

　金型の取付け，取外し，調整の作業は，プレス作業上直接安全に係わる作業であるため，労働安全衛生規則第134条で**プレス機械作業主任者**の職務を定め，作業を直接指揮することとしている。

　金型の取付け，取外し，調整の作業は，取り付けるプレス機械や金型の種類によってさまざまである。ここでは，一般にクランクプレスといわれる機械式プレスに型を取り付けることを例にあげて述べる。

1.1　一般的な取付け上の注意

　金型をプレス機械に取り付ける場合にまず検討すべきことは，**金型の仕様**と**プレス機械の仕様**をチェックすることである。

（1）金型高さとプレス機械のダイハイト

　プレス機械のダイハイトより金型高さが大きい場合は，この金型を取り付けることは不可能である。金型高さが小さいときは，その差がプレス機械のスライド調整量の範囲内であれば直接取付け可能であるが，その差がスライド調節量を超える場合やスライド調節でコネクチングスクリューのかみ合わせが少なくなる場合は，金型の下に適当な高さの平行台（スペーサ）を入れる必要がある。

（2）金型の製品落し位置とベッドの穴寸法

　抜落し作業の場合，抜き落とせる製品の最大寸法がベッドの穴寸法で決まる。また，何箇所かの抜落しでもそれぞれの位置がベッドの穴寸法内でなければならない。この範囲でないときは金型を平行台（スペーサ）でかさ上げし，製品やスクラップを排除する必要がある。

（3）型取付け用T溝寸法とシャンク穴寸法

　プレス機械の型取付け用T溝の寸法とその配置は，JIS B 6451に定められているので，金型の取付けが確実に行えるかチェックする。また，小型プレスのスライドに設けられているシャンク穴寸法はJIS B 5003に定められているので，取り付けるプレス機械のシャンク穴と金型のシャンク寸法をチェックする必要がある。

（4） 金型固定用の締め金などの選択及び用い方

金型をボルスタに固定するための締め金，締付けブロック，締付けボルトなどは，金型のダイホルダの厚さやＴ溝からの距離を考慮して選択しなければならない。**金型の固定法**を図8－1に示す。

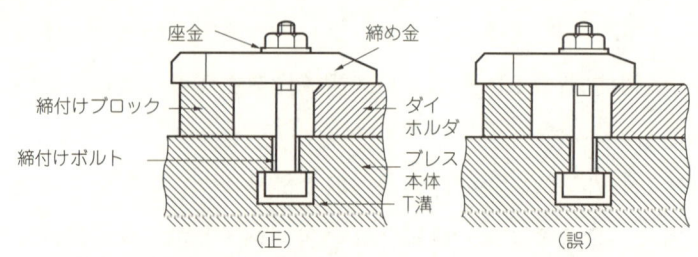

締め金が型と接触する部分の面積は十分の広さをもつこと

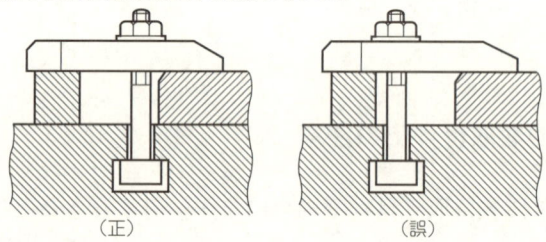

型の締付け力を大きくするため，ボルトの位置はできるだけ型に近づけること

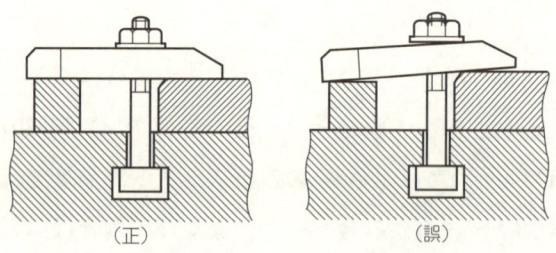

締め金が水平になるように，ダイホルダと締付けブロックの高さをそろえること

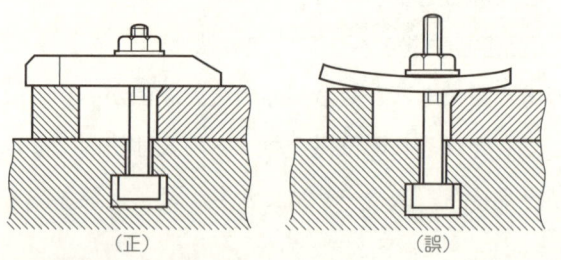

締め金は十分な厚さがないと，曲がってしまう
締付けボルトが必要以上に長いと，ひっかかって危ない

図8－1　金型の固定法

（5） 金型運搬

金型は，重量があるため金型置き場からボルスタ上に，また，ボルスタから降ろして運搬するときは，ハンドリフタやフォークリフトなどの搬送装置やクレーンのような運搬装置も必要である。

1.2 取付け及び取外し

(1) 金型の点検

プレス機械への金型の取付け作業に入る前に，金型の状態を点検して異常のないことを確認しておくことが大切である。金型点検は，次のような目的で行われる。

① プレス作業の安全と金型破損の事故を未然に防止するため。

② プレス加工製品の品質を確保するため。

③ 金型の異常による繰返し段取り時間の無駄をなくすため。

金型の点検作業手順を表8－1に示す。

表8－1 プレス金型の点検

作業手順	要領
1. ボルト，ナット，ピンの点検	1. 各種ボルトの締付け（緩み，摩擦，折込み） 2. 各種ピンの固定確認（平行ピン，テーパピン）
2. 型用部品と付属装置の点検	1. 型専用安全囲いの中に身体の一部が入らないか。 2. ウレタン，スプリングなどのへたり，折損がないか。 3. 型専用の付属装置の作動状況（スクラップシュート，部品供給装置，自動ストップ，リフタなど）
3. パンチとダイの点検	1. 切れ刃の状態（摩耗，破損，き裂の有無） 2. 抜きかす，スクラップの除去
4. 安全対策	1. シャンク，パンチホルダ，ダイホルダなどに鋭い角や突起があれば，やすりと油砥石で面取りする。
5. 清掃	1. 表面の錆は軽油やスプレー式防錆剤をかけ，油砥石やペーパーやすりで研磨する。 2. シャンク，パンチホルダ上面，ダイホルダ下面などは，ウエスでごみや汚れをふき取る。 3. ガイドポスト，ガイドブシュに潤滑油を塗布する。

(2) 金型の取付け

プレス機械への金型の取付けは，プレス作業における生産性を低下させないために短時間で行うことが大切である。このための準備を含めた作業を段取りといい，金型段取りには，プレス作業を行いながら，プレス機械を停止させない段取りを「**外段取り**」という。また，プレス機械を停止させて金型を取り付ける作業のような場合を「**内段取り**」という。

金型段取りでは，いかに外段取りを行うかが実際にプレス機械を停止させて行う内段取りの時間を短縮させることに結びつく。そのためには，金型の仕様とプレス機械の仕様にあった平行台（スペーサ）を準備したり，必要なスパナなどの工具，クランプとその付属

部品及びその他必要な用具を前もって準備し，内段取りのためにプレス機械を停止させてから取付けに必要なものを探し回るようなことは避けるべきである。

　一般のクランクプレスにおける金型の取付け手順を表8-2に示す。また，取外し手順を表8-3に示す。

表8-2　金型の取付け

番号	作　業　順　序	要　　点
1	準備する。	1. 金型の点検と清掃 2. プレス機械の上死点での停止の確認 3. 使用工具の準備 4. ノックアウトバーが取り付いていたら，取り外す。
2	スライドを下死点まで下げる。 （フリクションクラッチの場合）	1. 主電動機を起動させる。 2. 行程切換えスイッチを「寸動」にする。 3. 主電動機停止ボタンを押すとフライホイールの回転が下がり始める。 4. 両手押しボタンを押し，寸動運転で回転角度表示計を見ながらスライド下死点まで下げる。 5. 行程切換えスイッチを「切」にする。
	（確動クラッチの場合）	1. クラッチをつなぐ。 2. フライホイールを必ず手で正回転させて，下死点まで下げる。 3. 下死点の確認は，目盛又は合いマークで位置決めする。
3	スライドの調整	1. スライド調整（コネクチングロッド）の締付けねじを緩める。 2. コネクチングロッドを回して，スライドの高さを調整する。 　・スライド調節量の許容範囲内であること。 　・金型の高さを測定し，必要に応じて平行台（スペーサ）を用い，できるだけコネクチングスクリューを深くねじ込んで使用する。 　・スライドの高さは，金型がボルスタ上面に安全にのせられるように調整する。
4	シャンク押さえを外す。	1. シャンク押さえ締付けナットを外す。 2. シャンク押さえを両手で持って外し，作業台に置く。 3. シャンク締付けボルトを緩めておく。
5	型及び型取付け面の清掃	1. 金型のシャンク，パンチホルダ上面，ダイホルダ下面をウエスで清掃する。 2. スライド下面，シャンク穴，ボルスタ上面，T溝，平行台（スペーサ）などをウエスで清掃する。
6	型をボルスタ面にのせる。	1. 平行台（スペーサ）を用いる場合は，型運搬前に並べる。 2. ダイセット，ガイド付き金型は，上下型同時にボルスタ上にのせる。 　　（小形の分離型は，上型だけを木材などを利用してボルスタ上にのせる。）
7	型の位置決め	1. 材料の供給方向，製品の取出し，スクラップの排出などを考慮して型の方向を決める。 2. シャンクがシャンク穴側面に密着するように金型を押し込む。 3. 平行台（スペーサ）がスクラップ穴やボルスタ穴を妨げていないか確認する。

8	スライドを下げる。	1.	コネクチングスクリューを回して，スライド下面がパンチホルダの上面に当たる手前まで下げる。
9	シャンク押さえを入れる。	1. 2.	シャンク押さえを両手で持って，ボルトに合わせて入れる。 シャンク押さえ締付けナットを軽く締めておく。
10	スライド下面をパンチホルダに密着させる。	1.	コネクチングスクリューを回して，スライド下面がパンチホルダ上面に密着するまで下げる。
11	シャンク押さえを締め付ける。	1. 2. 3.	シャンク押さえ締付けナットを左右均等に十分に締める。 シャンク押さえボルトを締めて，上型を固定する。 小形の上型だけの場合は，コネクチングスクリューを回して，スライドを上げて木材などを外す。
12	平行台の位置決め	1. 2. 3. 4.	平行台（スペーサ）の位置が移動していないか確認する。 荷重が均等に掛かる位置になっているか。 スクラップが完全に抜ける位置になっているか。 クッションピンを使用するときは，ピンと平行台が干渉していないか確認する。
13	下型を軽く締める。	1. 2.	小形の分離型では，下型をボルスタ又は平行台の上に置き，上型と位置を合わせる。 固定用金具（締め金，締付けボルト，締付けブロック）を用い，決められた位置に正しい方法でセットする。 ＊固定金具の用い方は，図 8−1 参照のこと
14	型合せ	1. 2.	上型パンチと下型ダイが直接当たらないように挿入してある木片や平行台をコネクチングスクリューを回し，スライドを少し上げて取り去る。 再びコネクチングスクリューを回し，スライドを下降させて，パンチをダイに少しかみ合わせる。
15	下型を本締めする。	1. 2.	正しい工具で下型を十分に固定する。 締付けは，対角線に均等に行う。
16	パンチの押込み量を決める。	1.	コネクチングスクリューを回して，打抜きなどに必要なパンチの食込み量を決定する。
17	コネクチングロッドを締め付ける。	1.	コネクチングロッドの締付けナットを左右均等に締め付ける。
18	スライドを上死点に上げる。 （フリクションクラッチの場合）	1. 2. 3. 4.	主電動機を起動する。 行程切換えスイッチを「寸動」にする。 両手押しボタンを押し，回転角度計を見ながら，上死点までスライドを上昇させる。 行程切換えスイッチを「切」にする。
	（確動クラッチの場合）	1.	フライホイールを手で正回転させ，スライドを上死点まで上昇させる。
19	空打ち （フリクションクラッチの場合）	1. 2.	行程切換えスイッチを「安全一行程」又は「寸動」にする。 両手運転押しボタンを押し，下死点までは寸動運動で状態を見ながら下降させ，上死点まで戻す。
	（確動クラッチの場合）	1. 2.	クラッチをつなぐ。 フライホイールを手で正回転させて，下死点までは状態を見ながら下降させ，上死点に戻す。
20	停止する。	1. 2.	行程切換えスイッチを「切」にする。 主電動機の停止ボタンを押し，電動機を停止する。

表8-3 金型の取外し

番号	作 業 順 序	要　　　点
1	スライドを下死点まで下げる。 (フリクションクラッチの場合)	1. 主電動機を起動させる。 2. 行程切換えスイッチを「寸動」にする。 3. 主電動機停止ボタンを押すとフライホイールの回転が下がり始める。 4. 両手押しボタンを押し，寸動運転で回転角度表示計を見ながらスライドを下死点まで下げる。 5. 行程切換えスイッチを「切」にする。
	(確動クラッチの場合)	1. クラッチをつなぐ。 2. フライホイールを必ず手で正回転させて，下死点まで下げる。 3. 下死点の確認は，目盛又は合いマークで位置決めする。
2	ノックアウトバーを取外す。	1. ノックアウト調整ねじを緩めて，ノックアウトバーを取外す。
3	シャンク押さえを緩める。	1. シャンク締付けボルトを緩める。 2. シャンク押さえ締付けナットを緩める。
4	パンチホルダを離す。	1. コネクチングロッド締付けナットを緩め，コネクチングロッドを回し，スライドを上昇させ，スライド下面より上型ホルダを離す。
5	シャンク押さえを外す。	1. シャンク押さえを両手で持って外す（小型プレス）。
6	スライドを上死点に上げる。 (フリクションクラッチの場合)	1. 主電動機を起動する。 2. 行程切換えスイッチを「寸動」にする。 3. 両手押しボタンを押し，回転角度計を見ながら，上死点までスライドを上昇させる。 4. 行程切換えスイッチを「切」にする。 5. 主電動機を停止する。
	(確動クラッチの場合)	1. フライホイールを手で正回転させ，スライドを上死点まで上昇させる。
7	締付け金具を外す。	1. 下型の締付け金具を取外す。
8	型を降ろす。	1. 金型は，指示された方法によって，指示された運搬具を使って格納場所まで運搬する。

（3）取付け管理

金型の取付け，取外しを行う作業を**金型交換の作業**といい，その作業に携わる作業者は，プレス機械作業主任者の指示を受けることが必要であり，また，その作業について関係者との打合せをすることが大切である。

　ａ．作業指示

担当作業者は，プレス機械作業主任者から示される作業計画，作業手順に従って作業を行わなければならない。なお，次に示す安全上の留意事項についての指示は順守しなければならない。

① 危険限界に入るときは，安全ブロック，安全プラグ又はキーロックを使用すること。
② 金型調整のためのスライド位置調整は，寸動又は手回しによること。

b．プレス機械作業主任者との打合せ

金型交換・調整作業を開始する前に，担当作業者は，プレス機械作業主任者と安全装置の調整，合図の方法などを打ち合わせること。

c．運搬機械のオペレータとの打合せ

担当作業者は，プレス機械作業主任者とともに金型交換の共同作業を行う運搬機械のオペレータと金型の特徴，玉掛けの方法，フォークリフトの滑り止めの方法，合図の方法などを打ち合わせること。

第8章 学習のまとめ

プレス機械へ金型を取り付ける作業は，製品のできばえを左右するばかりでなく，安全に作業遂行をする上で機械に金型を取り付けた状態の確認，調整が必要となる。

また，作業後の型取外しも重量物の運搬や再使用を考えた管理を必要とする。

この章では，プレス機械作業主任者による作業指揮行為から留意項目を抜粋し，述べた。

練習問題

次の各問に答えなさい。
（1）型の締付け力を大きくするため，締付けボルトの位置はどうするか。
（2）プレス機械を停止させない段取りを何というか。
（3）金型交換作業に携わるとき，誰の指示を必要とするか。
（4）金型調整のためのスライド位置調整作業はどう行うか。

第9章 プレス加工の自動化

　プレス機械やプレス加工法にみられるように，プレス機械は一般の工作機械に比べ異なった組合せ機能を有し，大量生産に適した機械である。

　複数のプレス機械工程を組み合わせることにより，また，1台の大型プレス機械の中で工程を複数に分けることなどをして，多工程間を安全で高速な作業にしている。ここでは，加工材料，製品の投入，取出しへの生産性向上や省力化の観点から，自動化の種類と特徴について述べる。

第1節　送給装置

　送給装置には，プレス加工をするときに，コイル材や一定の寸法に切断したストリップ材などの加工材料を金型に送る一次加工送給装置と，半加工品を送る二次加工送給装置がある。

1.1　一次加工送給装置

　一次加工送給装置は，加工材料を送り込む方法により次の二つに大別することができる。

　一つは上下2本1組のロールの間に加工材料を挟み，摩擦力を利用し，ロールを回転させて加工材料を送ったり，回転を止めて加工材料の送りを止めて加工したりする，**ロールフィーダ**といわれる送給装置（図9－1）である。

　もう一つは加工材料を上下から挟みつけて，送り込みをする移動つめ（**グリッパフィンガ**）と，プレス加工中材料を挟みつけ，固定しておくつめ（**ブレーキフィンガ**）が交互に開閉して，材料を送り，プレス加工して再び送り込む装置で，**グリッパフィーダ**（図9－2）という。

図9-1　ロールフィーダ　　　　　　図9-2　グリッパフィーダ

(1) ロールフィーダの形式と機能

ロールフィーダは，一般に**順送り**（プログレッシブ）**加工**に最も多く利用されている送給装置である。一般的な特徴について述べると，次のようになる。

① 送り機構がロールの一方向の回転運動であるから，他の送給装置よりも高速運転（高速送り）が可能である。

② 送る加工材料の板厚，板幅，送り長さなどについての制限が少なく，広範囲な使用ができる。

③ 送る加工材料の材質や表面の仕上がりなどの適用制約が少なく，軟らかい板材でも，鏡面仕上げの板材でもほとんど変わりなく使用できる。

④ 装置の機構は簡単で，装置の取扱いが容易である。

⑤ 詰まりやすい加工材料を送る場合は，送りロールと引き出すロールのダブルロールフィーダが多く使用されている。

ロールフィーダの主な構造は，以下のとおりである。

　a．駆動力伝達と送り長さの調整

伝達方式は，シングル方式（図9-3）とダブル方式（図9-4）に大別されるが機能は同じである。プレス機械のクランク軸端に取り付けられた偏心盤よりクランク軸の回転運動を駆動ロットの直線往復運動に変換し，これによってロールに回転運動を伝達する方法である。したがって，送り長さの調節は偏心盤のクランクピンの位置の移動によって行われる。

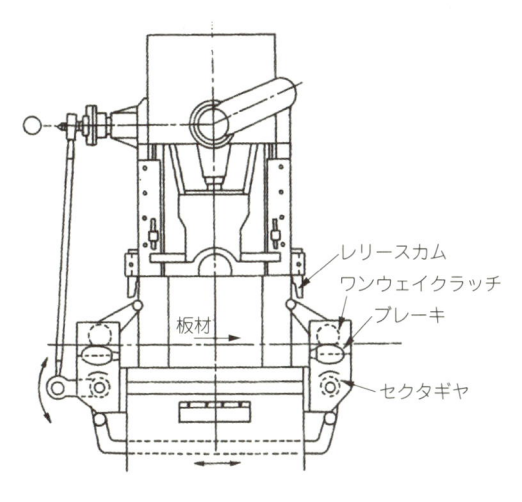

図9-3　シングルロールフィーダ 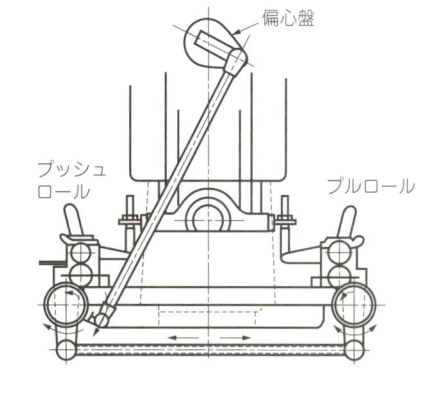　　　図9-4　ダブルロールフィーダ

b．ロールフィーダの機構

　最も簡単な一方向の回転間欠運動をさせる方法は，つめとつめ歯車を使用したもので以前よく使われていた（図9-5）。多くの汎用ロールフィーダに使用されているものに**スプラグクラッチ（カムクラッチ**ともいう）がある（図9-6）。これは単純な円筒状の外輪と内輪の間にスプラグカムを全周に配列し挿入したもので，スプラグカムの方向をそろえ，かつ内外輪に一定の接触圧を保たせるため，コイルスプリングが巻かれた構成になっている。

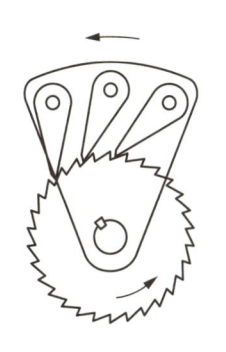

図9-5　古いタイプの一方向クラッチ 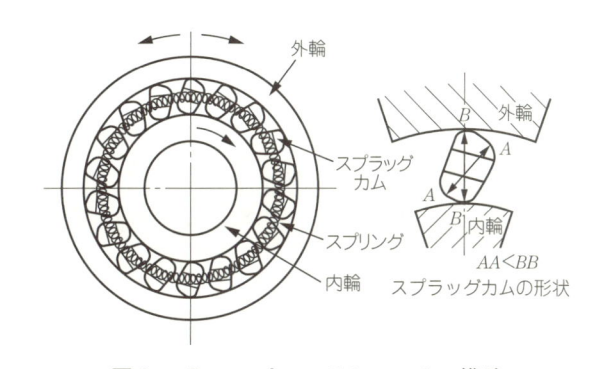　　　図9-6　スプラッグクラッチの構造

c．送りロールの表面

　一般に使用されているロールの表面は表面硬化され，その面は研削仕上げされており，硬質クロムめっきされているものが普通である。アルミニウム，銅やプラスチックで表面が覆われている軟らかい加工材料には，硬質ゴムを貼り付けた送りロールが使われている。

d．ロールのレリーシング

一般に一方向クラッチ形式のロールフィーダでは，その送り精度がその順送り加工（プログレッシブ加工）に要求する金型の送りピッチ長さの精度を満足させるに至らない場合が多い。そのため上下の金型部品（パンチとダイ）が接触を始める直前に押さえロール（上ロール）を離して，送り込まれたストリップ材を一時的に開放して，金型のパイロットピンなどによって位置決めの修正を行わせることが必要である（図9-7）。この動作を**レリーシング**と呼んでいる。

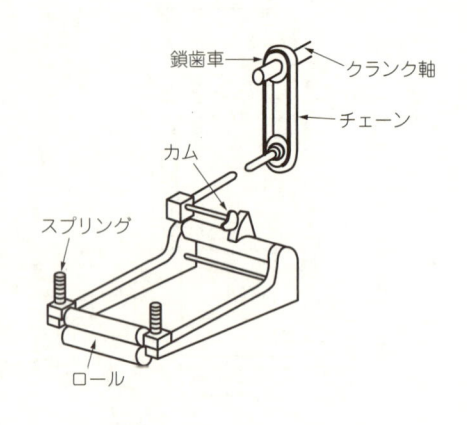

図9-7　カムリフト

レリーシングの方法には，プレススライドの上下運動を利用するものと，クランク軸又はそれと同じ回転数の軸に取り付けたレリースカムを使う方法の2種類がある。

e．ブレーキ

一方向クラッチ形式のロールフィーダでは，送りロールの回転運動の慣性を吸収することと，クラッチの滑りの際の送りロール固定と保持のために，送りロール軸にブレーキ機構を設けてある（図9-8）。このブレーキは，送り長さに影響を与えるため調整と操作には注意が必要である。

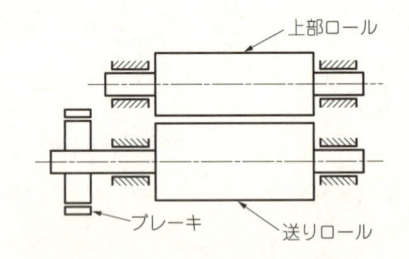

図9-8　ブレーキの取付け位置

ロールフィーダは，プレス機械の作動と連動した送給装置として多用されている。

（2）グリッパフィーダの形式と機能

固定クランプ（**グリッパ**という）と移動クランプとが交互に加工材料を挟み，移動クランプが加工材料をつかみ移動するという装置であり，移動クランプの往復直線運動が機械的に行われる機械駆動式と，汎用のプレス機械に簡単に取り付けて使用できるものとして，空気圧を動力とした空気圧シリンダとピストンを利用した，エア駆動式のグリッパフィーダが一般に使われている。

グリッパフィーダはロールフィーダと比較して，次のような相違点がある。

①　短い送り長さの範囲では，一方向クラッチ式のロールフィーダよりも送り精度は優れている。しかし，一般に送り長さの調整可能範囲は小さい。

②　スライド機構部が往復運動を行うため，高速作業はできにくい構造となっている。

③ 微細な送り長さの調節は，普通のロールフィーダよりも操作が容易である。

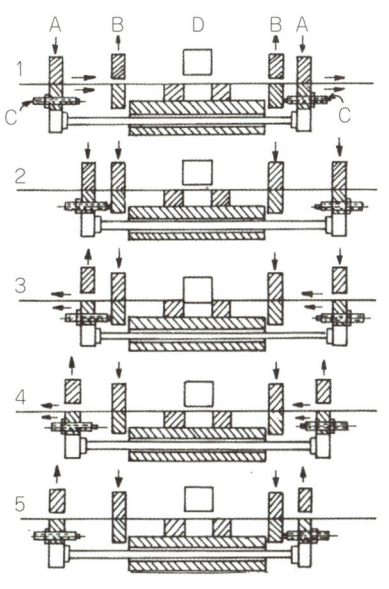

[グリッパフィーダの運動]
1. 固定用グリッパ（B）が開き，送り用グリッパ（A）が閉じ，材料をクランプして送り用グリッパ（A）が材料の送り長さ分移動する。
2. 固定用グリッパ（B）が閉じ，送り用グリッパ（A）とともに材料を押さえる。
3. 型（D）が下に降り，プレスされると同時に送り用グリッパ（A）が開き，元の位置に戻る動作に移ろうとする。
4．5．送り用グリッパ（A）は戻り動作に入り，次の材料送りの状態に移る。
　このとき，固定用グリッパ（B）は送り用グリッパ（A）の戻り動作のときに材料が動かないよう閉じている。

A：送り用グリッパ　B：固定用グリッパ
C：ストッパ　　　　D：型

図9−9　グリッパフィーダの運動

1.2　二次加工送給装置

送給装置といえば，ほとんどが一次加工送給装置であるが，なかには打ち抜かれたブランク又は，半加工品を次の工程の加工位置（金型）へ送り込む装置があり，これを**二次加工送給装置**と呼んでいる。二次加工送給装置には，次のようなものがある。

① 重力シュート
② プッシャフィーダ
③ マガジンフィーダ
④ ダイヤルフィーダ

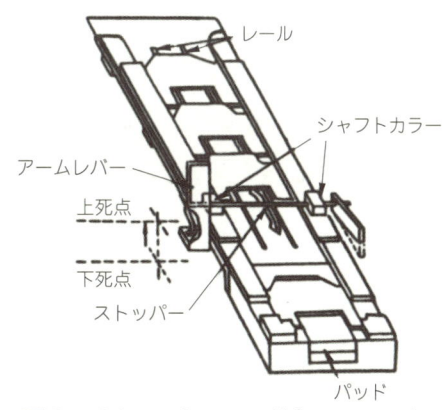

図9−10　ストッパー付きのシュート

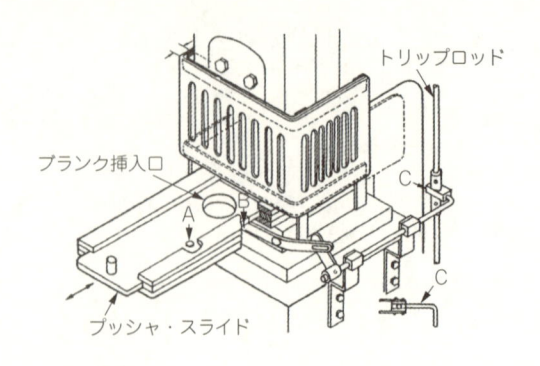

図9−11　手動プッシャフィーダ

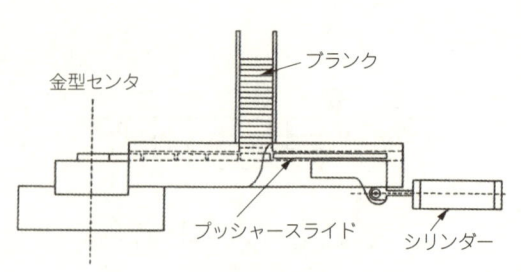

図9−12　マガジンフィーダ

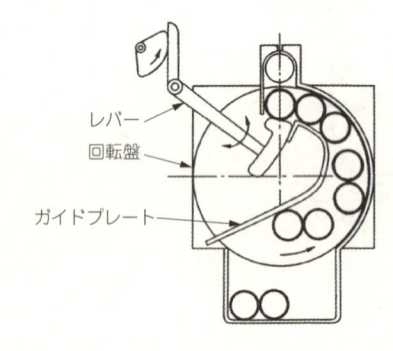

図9−13　フリクションダイヤルフィーダ

第2節　順送り（プログレッシブ）加工及びトランスファ加工

2.1　順送り加工

　順送り（プログレッシブ）**加工**は，一般にはコイル材又は短冊材を工程ごとに切り離さず，加工材料の両縁を残し，1工程では完成せずに，加工材料ごと次の工程に送り込み，数工程で製品を完成させる方法である。また，金型は一つの金型内に数工程が配置され，順次加工されていくようにされている。120〜1500spmの高速加工ができる。

　一般に，製作する部品の最大寸法を送りピッチに設定し，送りが終了した時点でクランプを開き製品をフリーにし，パイロットピン又はパイロット機構で位置を修正し，常に正確な送り量を保ちつつ順次プレス加工を行う。

（1）単工程順送り型

　一般に，人が材料を送り込むことを前提とした型で，コイル材などの材料から抜き残りの加工材料のさんをストッパに当てて位置決めをし，1工程ずつ順に加工していく加工法である。あまり速い加工はできないので，手送りで加工する場合が多い。

（２）複合工程順送り型

複合工程型では，製品の難易度により２工程から数工程までの数多くの金型が製作されている。

　a．２ステージ加工型

順送り型では最も単純なもので，

① 穴あけ，外形抜き型
② 穴あけ，せん断型
③ ビーディング，外形抜き型

などがある。

２ステージで加工が終わるものはタンデム型とも呼ばれている。

　b．打抜きを中心とした順送り型

穴抜き，切欠き（カットオフ）などを繰り返して，複雑な形状の打抜きを行うもので，

① モータ用ロータとステータコア抜き型
② トランス用Ⅰ形とＥ形のコア抜き型
③ 半導体及び集積回路用リードフレーム抜き型

などがある。

　c．曲げを中心とした順送り型

加工材料をつないだ状態で加工を進めるため加工に限界があるが，カムを利用したり，工程を分けて加工することが広く行われている。電子機器用端子，機構部品など薄板の小物部品を対象とする。

　d．絞りを中心とした順送り型

絞り加工は，加工材料が成形の深さに応じて縮小したり，寄せられたりする。これは，加工材料の流入によって製品の側壁部が徐々に引っ張られながら変形していくためで（図９－14），

① 加工材料幅変形型（ボタン，ホックなどの複数取り・同時絞り）
② アワーグラス抜き型
③ ランススリット抜き型

などがある。

1mm以上の板厚ではアワーグラス抜き，以下の場合はランススリット抜きとするのが普通である。形状によりシングルランス，ダブルランスと使い分け，加工材料幅と成形のための寄せ部を確保する。

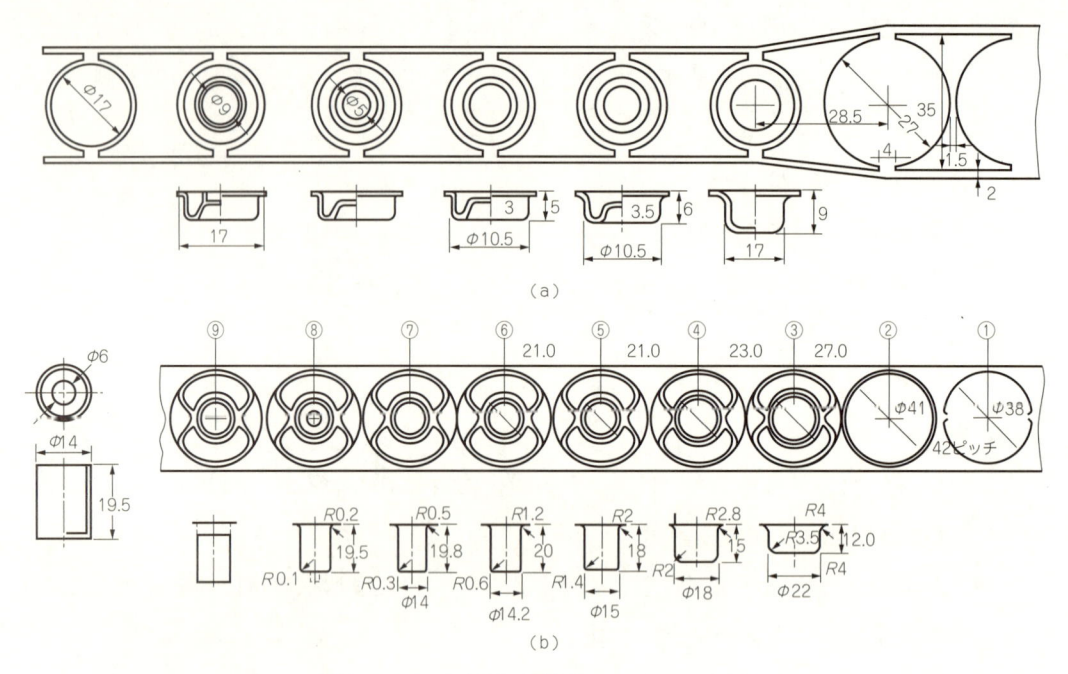

図9−14 順送り型製品のレイアウト図

e．その他の順送り型

張出し成形，コイニング，冷間鍛造（たんぞう）などを織り込んだものもあるが，変形の度合い，又は食付き状態によりトラブルもあるので注意して製作する必要がある。

（3）複合順送り型

複合型には総抜き型，抜き絞り型，絞り縁切り型などがある。

1ストロークに抜きと絞り又は曲げ加工のある場合は，あまり速い加工はできない。

① 打抜きを中心とした複合型
② 曲げを含む複合型
③ 絞りを含む複合型

などがある。

2.2 トランスファ加工

トランスファ加工は，加工材料から切り離された製品を移送して自動化する方式で，加工速度は低速（15〜60spm）加工であるが，加工材料の歩留まりがよく，金型は単発型でも使えるのでさまざまな組合せの加工が考えられる。

一つの製品を完成させるまでに多くの工程の加工を必要とする。このために何組かの独立した金型をタンデムに並べ，前工程の金型から次工程の金型へと加工品を移送装置を使って送り，自動加工する。

この加工は，深絞り，複雑な形状，大形部品など非常に幅広い加工に適用できるが，順送り型に比べると加工速度が遅いため生産性は悪い。そのほか，金型の設計は容易であるが，取付けと調整が困難である。

(1) トランスファ加工の種類

トランスファ加工を加工形式を対象に分類すると，

① 1台のプレスを使用し，その中に全工程を金型に納めてしまう**トランスファプレス方式**

② 数台のプレスをトランスファ送給装置で連結した**トランスファプレスライン方式**（図9-15）

③ 汎用プレス機械にトランスファ送給装置を取り付けた**トランスファユニット方式**

の3種類になる。

図9-15 トランスファプレスライン

また，送り形式を対象に分類すると，直線式トランスファ送給装置，平面式トランスファ送給装置及び立体式トランスファ送給装置になる。

(2) プレスストロークとトランスファ動作の関係

トランスファの動作は，

① 加工品をつかむ。

② 次の工程へ移送する。

③ 加工品を離す。

④ 元の位置に戻る。

の四つの動作をプレスのストロークごとに繰り返す。この動作中に金型の作動を妨げない，プレスストローク数を低下させないことが理想であるが，四つの動作には時間がかかることから両者のタイミングを考えることが重要である。

第3節　プレス加工用ロボット

　プレス加工に用いるロボットは，機械人間が，人間の手足の代りとして材料及び製品の送り並びに取出しを行う装置であり，X，Y，Z軸を同時作動させ，安全かつ確実に目的を達成させる装置のことである。

　プレス作業は，危険の伴う作業であり，金型の中に身体の一部を入れて事故を起こす場合が多い。事故対策としてロボットを使用することが安全につながり，なおかつ将来の無人化工場を目指して**FA**（Factory Automation），**FMS**（Flexible Manufacturing System）化を図る場合，ロボットは

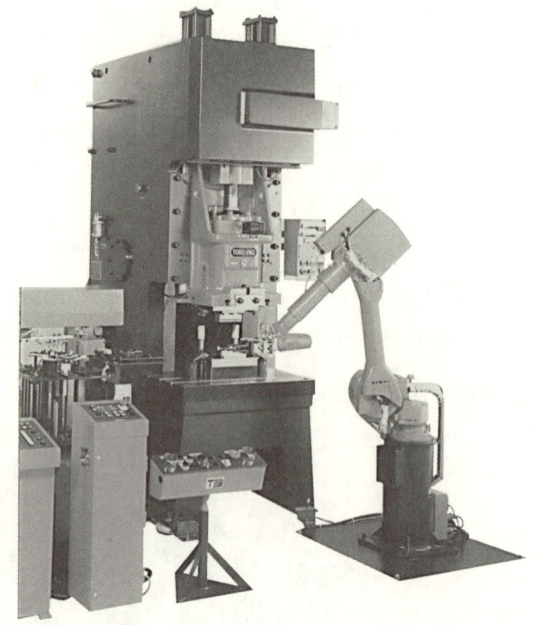

図9-16　プレスロボット

不可欠である。導入初期は，ティーチングによる操作方法であったものが，オフラインティーチングによる座標値操作方法へ進展している（図9-16）。

(1) 単工程ロボット

　単発加工用の工程間の送りを行うときに用いる。順送り加工やトランスファ加工の送給装置と比較して，1サイクルの時間が長く多品種少量生産の自動化に利用される。

　a．旋回ロボット

　切り板材の挿入，加工後の取出しなどに用いる。加工材料をつかむつめは用途によりつめ形状でクランプしたり，バキュームカップで吸着したり，マグネットヘッドで磁着して移送する。

　b．左右移送ロボット

　プレス加工用ロボットはプレス2台間の移送，挿入及び取出し作業が主である。板金加工用では動きが複雑になる。例えば，曲げ加工の場合，曲げ位置の移動，製品の裏表の反転，前後の位置決めなどの移動があり，さらに首振り，回転，反転など6軸以上の同時作動が要求される。

（2）多工程ロボット

多工程用プレス部品加工の工程間の移送装置であり，プレス機械の中・大型機内に5～6工程の加工工程をもち，200～300mmのピッチ送り量で移送するトランスファフィーダで，送り方向，それに直角な方向の二次元の作動をする。

また，プレス機械を4～6台並べた加工ラインに800～1000mmのピッチ送り量で移送するトランスファの2種類がある。

図9－17は，単独アームによる左右移送ロボットの軌跡を示したもので，送り動作は次のようになっている。

① 前の工程位置に戻る。
② 下降して，吸着する。
③ 上昇する。
④ 次工程へ移送する。
⑤ 下降して開放する。
⑥ 上昇する。
⑦ 最初の位置へ戻る。

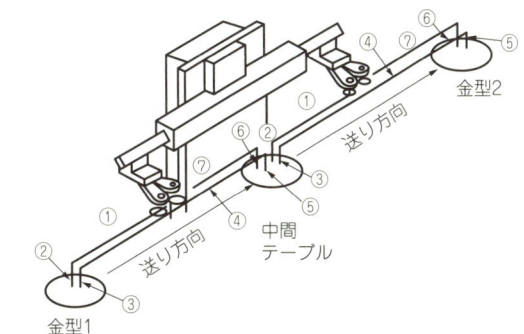

図9－17　単独アームによる左右移送ロボットの軌跡

第4節　取出し装置

プレス加工された製品やスクラップは，次のプレス加工のストローク作業までの間に確実に金型の外に取り出されていなければならない。

金型から製品やスクラップを取り出すには，まずそれらが金型に付着しないように外すことが必要である。その方法には固定ストリッパ，ばねストリッパ，ノックアウトなどの形で金型に組み込まれているものが多い。**取出し装置**とは金型から外した製品を，金型の外に取り出す機器をいう。

（1）重力を利用する方法

取出しの方法として最も簡単で有効な方法は重力の利用である。その中でも打抜き加工や絞り落とし加工などでは製品が下型の穴（**ダイオープニング**）の中に押し落とされて金型の外に取り出せる方法である。ばらばらに出てくる製品を，一定の向きにそろえて取り出す方法としては図9－18に示すような集積直立棒と図9－19に示す**スタッキングシュート**の方法がある。

製品が上型についてノックアウトにより突き落とされる構造の金型では，プレス機械のフレームを傾けて製品が下型をさけて落ちるようにする。

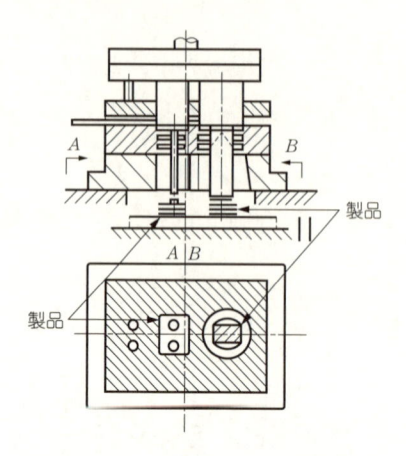

図9-18 打抜き加工製品の集積
　　　　直立棒による取出し

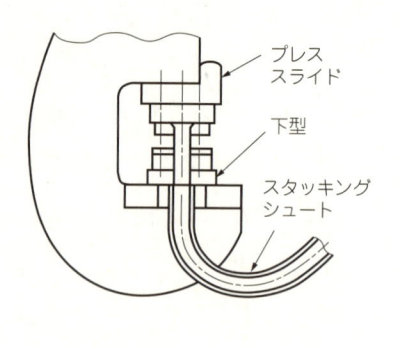

図9-19 スタッキングシュートによる取出し

（2）空気圧噴射やばねの弾力を利用して飛ばす方法

　この方法は，一般に小物の加工に用いられていて，下型の上に残ったり上型からノックアウトされた製品を，圧縮空気の圧力噴射やばねの弾性力で吹き飛ばしたり，跳ね飛ばしたりして取り出す方法である。簡単で広く利用されてはいるが，製品の取扱いが粗雑で向きがそろわないことと，取出しミスがときどき起こるのが欠点である。

（3）プレススライドに連動する方法

　プレス機械のスライドのストロークに連動して加工製品を取り出す場合には，次の被加工材料が金型に供給される前に，取り出されていなければならない。一般に取出しの動作は図9-20に示すBからCの間で行う。

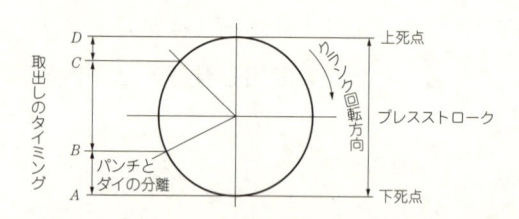

図9-20 取出しのタイミング

　この連動方式の簡単な方法として，**水平式ノックアウト方式**がある。これは下型の上に残ったり，打ち上げられた製品を横に吹き出す装置で図9-21（a）のようにエアノズルや，図（b）のようなエアホースからの圧縮空気圧を利用したものなどがある。

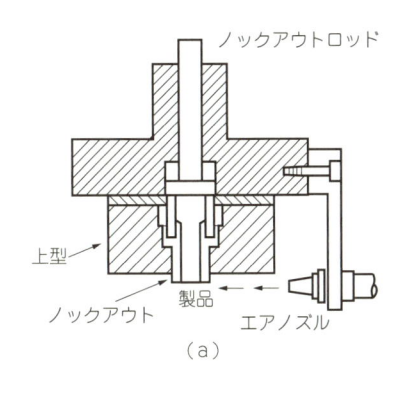

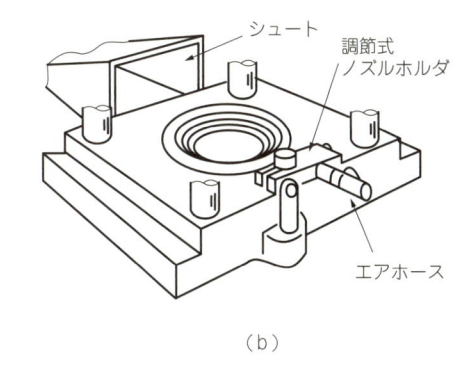

図9-21 空気圧噴射による取出し

第9章 学習のまとめ

　プレス加工では，金型の中への加工材料送り込みや成形加工品の取出しで，手を入れる必要がない方式として自動送給・排出機構をプレス機自体が備えたり，取り付けたりしている。これは，作業の安全確保と多品種少量や少品種多量などの生産形態変化でも効率的な生産装置として取り入れられている。

　この章では，装置の種類と機能について述べた。

練習問題

次の各問に答えなさい。
（1）送給装置とは，どういう装置か。
（2）二次加工送給装置には，どのようなものがあるか。
（3）プレススライドに連動した取出し装置で，加工品の取出しタイミングはいつか。
（4）トランスファ加工とは，どのような方式か。

第10章 プレス機械の安全・検査

　プレス災害の数は，増加しないが依然として衰えをみせず，プレス災害の防止は容易ではない実情にある。
　この章では，災害防止に有効な手段であるノーハンド・イン・ダイが困難な場合の，危険から作業者を守る安全装置やプレス機械の安全と保守のための始業前点検の概要について述べる。

プレス災害は，災害発生点から，次の３種に分類できる。
①　パンチとダイとの間（いわゆる危険限界）において起こるもの。
②　プレス又は付属装置の回転，往復などの運動部分において起こるもの。
③　加工材料や金型などの取扱い，運搬などの際に起こるもの。

　この災害で①は，プレス災害特有のもので，狭義的にプレス災害といえば①に限定される。②は，一般的な機械災害を含むもので，プレス機械の複雑化とともに，その発生内容も多様化の方向にある。自動化を進めた結果，ロボットのアームの運動が新たな②の災害原因になる場合が考えられる。③は，プレス作業に付随する災害で人力作業のとき，その危険性が高い。
　プレス災害の多くは，①の危険限界において発生していることから，型設計の改善，安全手工具（しゅこうぐ）の使用，さらに作業の機械化など危険限界に身体の一部を入れないですむような作業改善を行えば，災害の防止も可能である。
　プレス機械から安全を考える場合，安全性並びに信頼性を考慮した**安全プレス**の使用はプレス災害の防止に直結するものである。安全プレスとは，次の４項目を満足するものをいう。
①　２度落ちしない。
②　危険限界に身体を近づけない。近づいたときはプレス機械のスライドが急停止する。
③　型の破損その他の事故により危険物が飛来しない。
④　作業者が機械などの取扱いを誤っても，それが災害につながらないようなフールプルーフや機械などに故障・不良が発生しても，常に安全側に作動するフェールセーフ機能を有する。

第1節　プレス機械の安全対策

プレス作業は，作業者が手と足を一定のリズムに従って動かすことによって行われる。

このリズムが乱れなければ，災害は起きないが，少しの油断でリズムを乱し，手を型の間でつぶしてしまう。このような災害を防止するため，身体の一部が危険限界に入らない措置（**ノーハンド・イン・ダイ**）が有効な手段である。しかし，実際に使用されているプレス機械の中には，プレス作業の性質上，このような本質安全といわれる措置が取れないプレス機械もある。このようなプレス機械では，作業者の注意を補い，危険から作業者を守るために，各種の安全装置が特に大きな役割をもっている。

1.1　安全囲い

金型の中に手が入らないようにするためには，**安全囲い**を使用すればよく，連続打抜きなどの一次加工には安全囲いが安全対策の決め手となっている。しかし，工夫次第では，二次加工に使用することも可能な場合がある。図10－1に調節式安全囲いの例を示す。

また，シャーの刃部による危険を防止するためには安全囲いが有効である。

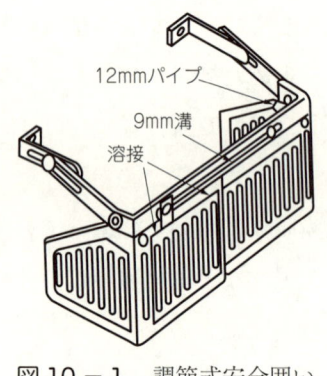

図10－1　調節式安全囲い

1.2　安全装置

安全装置には，機能的分類としてインターロックガード方式，両手操作方式，感応方式，排除方式などがある。

（1）インターロックガード式安全装置

インターロックガード式安全装置は，プレス機械前面に配置されたガード板の作動により，スライドの作動中は手指などが危険限界に入らないようにされたものである。両手押しボタンやフートペダルを起動すると，まずガード板が作動して危険限界を遮へいする。

ガード板の作動に異常がなく，危険限界内に手指が残っていなければ，その後にプレス機械のスライドが下降する構造になっている。スライドの作動中には，手を入れようと思っても入らないので，ハンド・イン・ダイの作業方式の中では安全性が高いといえる。図10-2にガード板が下から上に上昇する形式のインターロックガード式安全装置を示す。

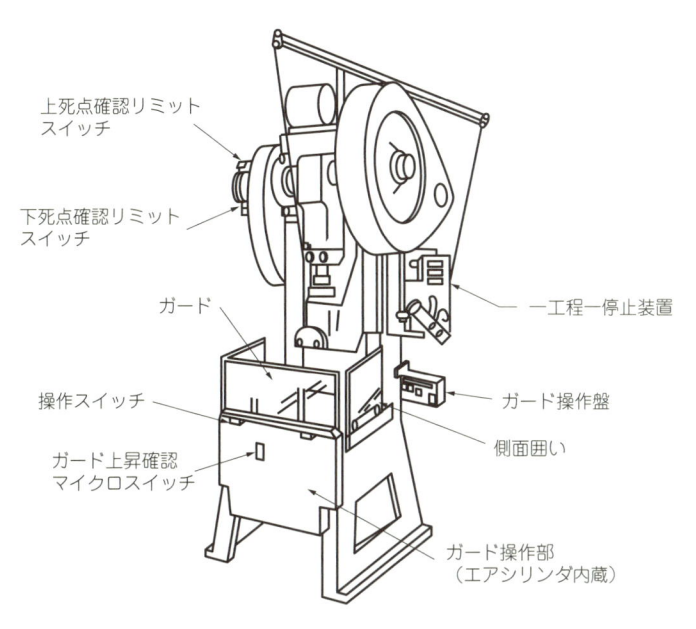

図10-2 インターロックガード式安全装置（上昇式）

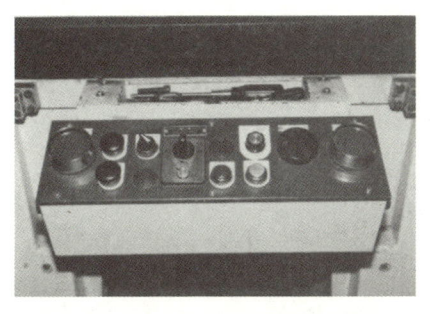

（2）両手操作式安全装置

両手操作式安全装置とは，押しボタンや操作レバーを型の危険限界から安全距離以上離して，両手で操作することによって手の安全を図るものである。ポジティブクラッチ用（急停止機構のないプレス機械用）に使用する。両手起動式安全装置と急停止機構を備えるプレス機械に使用する安全一行程式安全装置の2種類に分けられる。

この両手操作式安全装置では，安全距離を確保すること，両手で同時に操作すること，押しボタンの間隔を内側の距離で300mm以上離すことなどが定められている。

図10-3 両手操作式安全装置

(3) 光線式安全装置

光線式安全装置は身体の一部が光線を遮断したときに，これを検出してプレス機械の急停止機構を作動させ，スライドを停止させるものである。安全装置そのものにはプレスを停止させるためのブレーキ機能がないので，プレス機械のブレーキ機能と併せて，安全装置としての機能を行う。このため，安全距離の確保が必要であり，急停止機能のないプレスには使用することができない。また，光線式安全装置の検出能力は，連続遮光幅の大きさで50 mm以下である。図10－4に反射形光線式安全装置を示す。

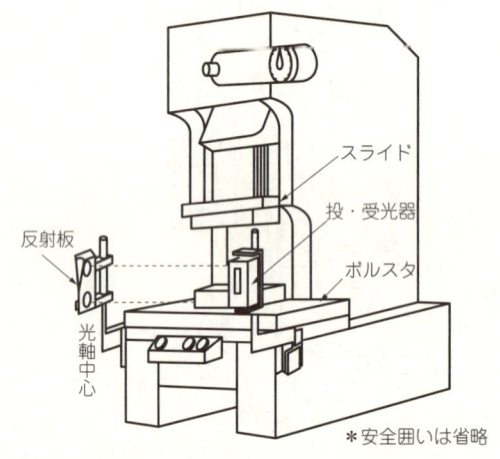

図10－4　反射形光線式安全装置

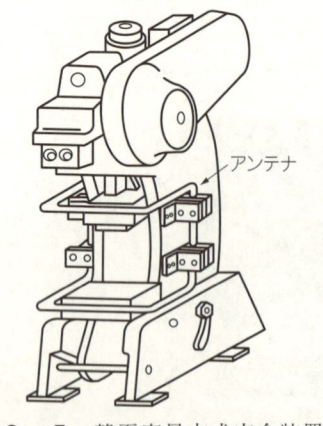

(4) 静電容量方式安全装置

静電容量方式安全装置は，作業の危険域に人体検知用のアンテナを設置し，そのアンテナに一定の周波数を与えて検知電界を発生させ，この検知電界内に身体の一部が侵入すると，電界が反応しリレーを作動させるものである。図10－5に示すように静電容量方式安全装置は，立体的に防護することが可能である。

図10－5　静電容量方式安全装置　　図10－6　手引き式安全装置

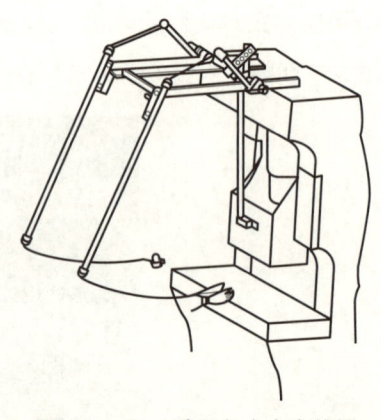

（5）手引き式安全装置

手引き式安全装置は，スライドの下降運動を利用してひもを引くことによって，リストバンドをつけた作業者の手を危険限界から外に引き戻す装置である。スライドの下降と機械的に連動するので，スライドの２度落ちや不意落ちなどに対しても有効に作動する。図10－6に手引き式安全装置を示す。

第２節　プレス機械及び安全装置の保守・点検

　プレス機械及び安全装置の保守・点検は作業者自身による始業前点検に始まる。すなわち，毎日作業開始前に所定の点検を行うことが必要である。この点検は，外観検査と運転検査が主体である。始業前点検に当たる日常点検によって異常を発見した場合は，プレス機械作業主任者又は責任者に報告するとともに，機械の運転を止めて，補修を行わなければならない。表10－1に，機械プレス始業前点検チェックリストの例を示す。

　法定の点検制度ではないが，プレス機械の安全機能を確保するうえからも特に重要な部分については，少なくとも１箇月に１回は定期的にプレス機械作業主任者又は事業内検査者が点検を行う必要がある。

　月例点検における主な項目は次のとおりである。

① 　クラッチ，ブレーキ
② 　一行程一停止
③ 　オーバーラン監視装置
④ 　急停止機構，非常停止装置
⑤ 　電磁弁
⑥ 　安全ブロック（安全プラグ，キーロックを含む）
⑦ 　電気系統（配線，切替えスイッチなど）
⑧ 　安全装置

　始業前点検では，機械細部の故障まではわからない。そこで定期的に機械を分解して検査し，変形，摩耗やき裂の有無を調べ，修理や部品の交換が必要かどうかを決定する特定自主検査がある。プレス機械の自主検査は，特定自主検査に指定され，１年に１回法定の資格要件を備えた検査者（事業内検査者及び検査業者）が実施することとされている。実施に当たっては，動力プレス機械特定自主検査チェックリストに基づいて行われる。この検査において，不安全，不具合と指摘された箇所はただちに補修，整備をしなければならない。また，特定自主検査を実施した機械には，見やすい箇所に特定自主検査を行った年月を示す「検査標章」を貼付しておかなければならない。

表10-1 機械プレス始業前点検チェックリスト（例）

点検年月		整理番号	機械名称	圧力能力	所属	担当者氏名	作業主任者氏名	検印	○正　常 △注　意 ×不　良
年　月　度									

区分		項目	点検方法	判定基準	1	2	3	4	5	6	7	8	9	28	29	30	31
主電動機起動前	1	クランクシャフト	メタルキャップ締付けボルト，ナットの緩みがないか。	十分な締付け													
	2	コネクチングロッド及びコネクチングスクリュー	ボルト，ナットに緩みはないか。	十分な締付け													
	3	フライホール	ボルト，ナットに緩みがないか。	十分な締付け													
	4	き裂，損傷，変形	本体各部，スライドなどに異常はないか。	異常のないこと													
	5	各部の給油	給油は適切か。	適量の給油													
	6	空気圧（油圧）	圧力計で確認	規定圧													
	7	型の取付け状態	型の取付けボルト，ナットに緩みはないか。	十分な締付け													
主電動機起動後	8	クラッチ	作動状況，停止位置を見る。	確実な作動 規定内停止													
	9	ブレーキ	作動状況，上死点停止角度の確認	確実な作動 規定内停止													
	10	電動機	異常音はないか。	異常音の発生													
	11	運転操作	作動状況（寸動，一行程など）を確認	確実な作動													
	12	一行程一停止	作動状況を見る。	確実な作動													
	13	急停止機構及び非常停止装置	停止状況を見る。	確実な停止													
	14	安全囲い・安全装置　取付け位置	危険限界からの距離実測	安全距離以上													
		取付け状態	ボルト，ナットの緩み 防護範囲の確認	確実な締付け 危険範囲防護													
		作動状況	作動状況を確認	確実な作動													
	15	付帯設備	材料，製品の送給，取出しなどの付帯設備の作動状況，取付け位置を見る。	確実な作動 取付け位置の安全													
特記事項				処置													
				点検者氏名													
				プレス作業主任者氏名													

（厚生労働省安全衛生部安全課編）

第10章 学習のまとめ

　プレス作業特有の災害として，金型の間での挟まれ災害があげられる。災害防止の原則であるノーハンド・イン・ダイ方式に沿った安全維持策として，身体の一部が入らない方式と入れる必要がない方式がある。

　この章では，装置の特徴と点検項目を述べたが，どんなに装置が進化しても，災害の防止を図るには，事業者やプレス機械作業主任者，プレス機械作業者など関係者の日頃の努力が不可欠である。

練習問題

次の各問に答えなさい。
（1）プレス災害で，パンチとダイとの間を何と呼んでいるか。
（2）両手操作式安全装置で押しボタン間隔は何 mm か。
（3）光線式安全装置の光軸間隔はいくつか。
（4）プレス機械と安全装置の保守点検はいつ，誰が行うか。

練習問題の解答

第1章

（1） 板取りけがき

（2） 打出し，絞り

（3） ひずみ取り

（4） 以下の項目から三つを選択

　① 多品種少量製品の製作に適する。

　② 専用の金型を使用しない。

　③ 大物製品から小物製品まで多様な寸法に対応しやすい。

　④ 室温で加工が行われるため，溶接部以外は加熱による影響が生じない。

　⑤ 金属薄板から成形されるため，軽量である。

　⑥ 製品のできばえは作業者の技量の影響を受け，ばらつきが生じやすい。

第2章

（1） ○

（2） ×（p.8）

（3） ○

（4） ×（p.14）

（5） ○

第3章

（1） C：クリアランス

　a：すきま角又は逃げ角

　β：前傾斜角

　θ：刃先角

（2） スプリングバック

（3） 曲げ部の外側は，曲げ線と直角方向に伸ばされるので，曲げ線方向に縮もうとし，曲げの内側は，逆に縮められるので，曲げ線方向に伸びようとするため。

（4）　① ○

　　② ×（p.22）

　　③ ○

　　④ ×（p.39）

　　⑤ ×（p.70）

第4章

（1） ○
（2） ×（p.94）
（3） ×（p.97）
（4） ×（p.102）
（5） ○

第5章

（1） せん断
（2） 曲げられた後の製品断面の形状
（3） 成形加工
（4） 以下の項目から三つを選択
　　① 生産性のきわめて高い加工法である。
　　② 多量生産に適した加工法である。
　　③ 経済的な加工法である。
　　④ 材質改善が可能である。

第6章

（1） 単動プレス，複動プレス，三動プレス
（2） 圧力能力，トルク能力，仕事能力
（3） 絞り加工でのしわ押さえ
（4） ストローク長さ，加圧する力

第7章

（1） 打抜き加工
（2） 板厚の5％
（3） 1.6〜1.8
（4） 形状のくずれ，寸法誤差

第8章

（1） 型に近づける
（2） 外段取り
（3） プレス機械作業主任者
（4） 寸動又は手回しによること

第9章

（1）　送給装置とは，プレス加工するとき，コイル材や一定の寸法に切断したストリップ材などの加工材料を金型に送り込む装置や半加工品を送り込む装置である。

（2）　①重力シュート，②プッシャフィーダ，③マガジンフィーダ，④ダイヤルフィーダがある。

（3）　下型から取出し完了後の上昇時から上死点の手前までの間

（4）　製品を移送して自動化する方式

第10章

（1）　危険限界

（2）　ボタン内側で300 mm以上離す。

（3）　最低限50 mm間隔

（4）　始業前点検は，作業者が毎日行う。
　　　特定自主検査は，資格の有した検査者が1年に1回行う。

索　引

あ

FA……………………………………105
FMS…………………………………85,164
SPCC…………………………………7
SUS304………………………………11
SUS403………………………………11
アイヨニング…………………………140
圧力能力………………………………116
穴あけ（ピアシング）………………121
穴あけ型（ピアシングダイ）………130
安全ガード……………………………28
安全囲い………………………………170
安全カバー……………………………28
安全装置………………………………170
板の圧延方向…………………………54
一次加工送給装置……………………155
異方性…………………………………55
インターロックガード式安全装置…170
打出し…………………………………3,62
内段取り………………………………149
打抜き（ブランキング）加工………121
エアベンディング……………………47
えぐり刃………………………………22
オーステナイト………………………10
オープンハイト………………………118
送り抜き型（順送り型）……………131
送り曲げ………………………………37
折りたたみ曲げ………………………37

か

CAD……………………………………79
CAM……………………………………79
カーリング……………………………42
外観検査………………………………87
ガイドロール…………………………51
外面絞り型……………………………66
確動式（ポジティブ）クラッチ……114
加工温度………………………………54
加工硬化………………………………7
加工の方法……………………………54
型曲げ…………………………………37
かどはぜ………………………………93
金型の固定法…………………………148
がばり…………………………………18,63
カム式曲げ型…………………………134
かり出し………………………………44
機械式…………………………………45
機械式プレス…………………………112
機械板金………………………………1
逆再絞り型……………………………143
逆反り…………………………………56
ギャップシャー………………………28
キャンバ（曲がり）…………………30
きゅうすえ……………………………70
銀ろう…………………………………103
組やすり………………………………73
クランクプレス………………………112
クリアランス…………………25,28,29,124,139
グリッパフィーダ……………………155
月例点検………………………………173
コイニング……………………………47
硬ろう…………………………………100

さ

再絞り比………………………………138
最小曲げ半径…………………………54
最大加圧能力…………………………45
さしがね………………………………18
さぶろく………………………………6

三次元座標測定機	88
さん幅	128
３本ロール機	50
始業前点検	173
仕事能力	116
しはち	6
絞り	3,62
絞り加工	108
絞り比	137
絞り率	137
シャー角	30,126
斜進法	75
シャットハイト	118
ジュラルミン	14
順送り加工	156,160
瞬間接着剤	105
常温加工	37
しわ押さえ（ブランクホルダ）	141
真鍮	16
水平式ノックアウト方式	166
スケヤシャー	28
スピニング加工	65
スピニングレース	65
スプリングゴー	55
スプリングバック	2,36,46,55
寸動運転	28
寸法検査	87
製缶	1
成形加工	108
静電容量方式安全装置	172
せん断（シャーリング）加工	121
せん断型	130
せん断機	22
せん断面	29
送給装置	155
総抜き型	131
塑性加工	1
外段取り	149
外形抜き型（ブランキングダイ）	130
反り	36,56

た

ダイ穴の逃げ	126
ダイオープニング	165
ダイクッション	118
耐食性	10
ダイハイト	118
ダクトはぜ	94
多重曲げ型	133
立てはぜ	93
試し絞り	141
タレットパンチプレス	34
鍛造	107
単動運転	27
縮みフランジ加工	43
中立面	54
超ジュラルミン	14
直進法	75
直接再絞り型	143
直線フランジ成形	108
直刃	22
ツイスト（ねじれ）	30
突切り加工	121
突切り型	129
つば出し	43
鉄工やすり	73
手板金	1
手引き式安全装置	173
投影機	88,90
銅合金ろう	103
倒置式絞り型	143
トタン板	8
トランスファ加工	162
取出し装置	165

トルク能力……………………………116

な

内面絞り型………………………………66
中子型……………………………………66
鉛フリーはんだ………………………100
軟鋼板……………………………………6
軟ろう…………………………………100
二液型…………………………………105
二次加工送給装置……………………159
2本ロール………………………………51
抜き絞り型……………………………144
ノーハンド・イン・ダイ……………170
伸びフランジ加工………………………42
ノンリピート……………………………27

は

V曲げ加工……………………………107
V曲げ型………………………………132
バーリング加工…………………………43
はな曲げ……………………………41,50
板金展開図法……………………………2
はんだ付………………………………100
引曲げ方式………………………………52
ひずみ……………………………………68
ひずみ取り………………………………3
ピッツバーグはぜ………………………94
平折りはぜ………………………………93
平はぜ……………………………………93
ピラミッドタイプ………………………50
ピンチタイプ……………………………50
フェライト………………………………10
複動式フォルディングマシン…………49
縁切り（トリミング）…………………121
縁切り型………………………………130
縁仕上げ（シェービング）加工………121
歩留まり………………………………128

ブランク………………………………130
ブランクホルダ付き絞り型…………142
ブランクホルダなし絞り型…………142
ぶりき板…………………………………8
プレス機械……………………………111
プレス機械作業主任者………………147
プレス災害……………………………169
プレスブレーキ…………………………45
分割型……………………………………66
へら絞り旋盤……………………………65
ボウ（そり）……………………………30
ボトミング………………………………47
ほろし……………………………………97

ま

マルテンサイト…………………………10

や

4本ロール機……………………………51
U曲げ加工……………………………108
U曲げ型………………………………133
柳刃………………………………………22
油圧式……………………………………45

ら

リベット（びょう）……………………94
両手操作式安全装置…………………171
ループ状の帯のこ………………………33
レリーシング…………………………158
連続運転…………………………………27
ろう………………………………………99
ローラレベラ……………………………72
ロールフィーダ………………………155

わ

ワイヤリング……………………………42
割れ………………………………………36

図・表出典リスト

第3章

図3-35	シャープカッターS-505A（タケダ機械株式会社）
図3-36	エアープラズマM-1500C（株式会社ダイヘン）
図3-37	ACサーボ・ダイレクトツインドライブNCT（株式会社アマダ）
図3-40	3軸リニアドライブ・ファイバーレーザマシン（株式会社アマダ）
図3-80	パイプベンダーTB-GM-35（株式会社太洋）
図3-128	ベルトサンダB-4000T（リョービ株式会社）
図3-129（a）	エメリーバフTEB-125-4（トラスコ中山株式会社）
図3-130	AP100（株式会社アマダ）
	ACサーボ・ダイレクトツインドライブNCT（株式会社アマダ）
	3軸リニアドライブ・ファイバーレーザマシン（株式会社アマダ）
	ハイブリッド・ドライブシステム搭載高精度ベンディングマシン（株式会社アマダ）

第6章

図6-4	ハイフレックスプレスNC1-E（アイダエンジニアリング株式会社）
図6-6	デジタル電動2ポイントサーボプレス（株式会社アマダ）

第9章

図9-1～3	アイダエンジニアリング株式会社
図9-10～13	「プレス作業と安全」（第1版　平成23年6月　中央労働災害防止協会　発行）

参　考

「二級技能士コース工場板金科」　職業訓練教材研究会
「二級技能士コース仕上げ科」　職業訓練教材研究会

委員一覧

昭和60年2月
　＜作成委員＞
　　土山　淳二　　元職業訓練大学校

平成8年2月
　＜改定委員＞
　　小川　秀夫　　職業能力開発大学校
　　坂本　和人　　小山職業能力開発短期大学校
　　高田　武志　　職業訓練法人　アマダスクール

平成16年3月
　＜改定委員＞
　　小川　秀夫　　職業能力開発総合大学校
　　佐藤　昇　　　日産自動車株式会社
　　三浦　公嗣　　岩手県商工労働観光部
　　宮沢　篤　　　栃木県立県央高等産業技術学校

（委員名は五十音順，所属は執筆当時のものです）

厚生労働省認定教材	
認 定 番 号	第59224号
認 定 年 月 日	昭和59年3月27日
改定承認年月日	平成26年1月30日
訓 練 の 種 類	普通職業訓練
訓 練 課 程 名	普通課程

板金工作法及びプレス加工法　　　　　　　　©

昭和60年3月1日　　初版発行
平成8年2月20日　　改訂版発行
平成16年3月1日　　三訂版発行
平成26年3月20日　　四訂版発行
令和6年2月1日　　5刷発行

編集者　　独立行政法人　高齢・障害・求職者雇用支援機構
　　　　　職業能力開発総合大学校　基盤整備センター

発行者　　一般財団法人　職業訓練教材研究会
　　　　　　　　〒162-0052
　　　　　　　　東京都新宿区戸山1丁目15－10
　　　　　　　　電　話　03（3203）6235
　　　　　　　　ＦＡＸ　03（3204）4724

編者・発行者の許諾なくして本教科書に関する自習書・解説書若しくはこれに類するものの発行を禁ずる。

ISBN978-4-7863-1138-3